Liebe Leserin, lieber Leser

D

Darf ich offen zu Ihnen sein? Ich habe mich mit Haustieren immer etwas schwergetan. In meiner Kindheit ist uns irgendwann einmal eine Katze zugelaufen, die haben meine Schwester und ich ein paar Wochen lang umsorgt, dann verschwand sie und kam nicht wieder. Später lebte ein Meerschweinchen bei uns, aber um das hat sich nach kurzer Zeit schon meine Mutter kümmern müssen, weil wir die Lust an der Pflege verloren hatten.

Das Kapitel Meerschweinchen holte mich einige Jahrzehnte später ein, als sich meine Kinder welche wünschten und schließlich auch vier Tiere bekamen; denn auch in unserer Familie waren wir Eltern, wie einst meine Mutter, schon nach kurzer Zeit für die Nager zuständig. Im Laufe der Jahre kamen dann noch Fische im Aquarium meines Sohnes hinzu sowie die Reitbeteiligung meiner Tochter – aber ganz ehrlich: Eine echte, tiefe Beziehung zu den tierischen Mitgliedern unserer Familie habe ich nie aufbauen können.

Dass mir da etwas sehr Bereicherndes entgangen sein könnte, ist mir erst im Verlauf der Produktion dieses Heftes aufgegangen. Erst jetzt ist mir klar, wie vielfältig das Seelenleben vieler Tiere ist, wie zum Teil hoch entwickelt ihre Intelligenz, wie raffiniert bei manchen Spezies deren Fähigkeit, das Verhalten ihres Besitzers zu „lesen“ und darauf zu reagieren.

Dieses Heft beschreibt die facettenreichen vielfältigen Beziehungen zwischen Mensch und Tier – und zwar sowohl an unzähligen konkreten (oft sehr berührenden) Beispielen, wie auch in Berichten über den neuesten Stand der Forschung, etwa zum (lange Zeit unterschätzten) Denkvermögen der Vögel.

Mir haben viele dieser Texte Aha-Erlebnisse verschafft. Schreiben Sie uns gern, ob es Ihnen auch so gegangen ist. Sie erreichen uns über www.geo-wissen.de und auf Facebook. Ich sehe Tiere heute mit anderen Augen. Es würde mich freuen, wenn es Ihnen auch so ginge.

Herzlich Ihr

Michael Schaper

Jetzt neu: GEO WISSEN GESUNDHEIT »Unsere Haut«, GEO WISSEN ERNÄHRUNG »Gesund durch Herbst und Winter« und GEOkompakt »Unser Wald« – sowie der gemeinsame Auftritt der Wissen-Magazine auf facebook.com/geowissen

Hundetraining
Wie gelingt die Erziehung? Eine Expertin über die Grundregeln 106

Spielen Was Vierbeinern Spaß macht – und ihren Körper und Geist trainiert 62

Moral Ein Philosoph erklärt, wie wir anständig mit Tieren umgehen 144

Nähe Ein Mann rettet einen gefährlichen Stier und erkennt dessen wahres Wesen 24

Glück Bei einer Familie fand ein aus dem Nest gefallenes Küken eine Heimat – und brachte ihr die Freude zurück 16

Katzen Wie nahe können wir den wilden Wesen wirklich kommen? 44

Freundschaft Wie ein wilder Wallach zum verlässlichen Partner wurde 38

inhalt

Geliebte Gefährten

GEO ***WISSEN***

No. 60

Psychologie Was eine gute Beziehung zum Tier ausmacht 80

Was unser Verhältnis zu Tieren prägt

Vertrauen Von Begegnungen, die das Leben von Tierfreunden verändert haben ... 8

Seelenleben Warum sich unser Blick auf die Tierwelt radikal wandelt ... 70

Psychologie Ein Forscher erklärt, was Tiere uns schenken – und wir ihnen ... 80

Familie Wie wichtig sind tierische Gefährten für Kinder? ... 100

Exoten Eine Frau überwindet den Ekel und hält Schaben in ihrer Wohnung ... 112

Allergien Wie gefährlich sind sie? Was ist der beste Schutz? ... 118

Tiermedizin Wann der Gang zum Arzt nötig ist ... 124

Reisen Grundregeln für den Urlaub mit Hund, Katze und Co. ... 132

Haltung Welche Arten miteinander auskommen – und welche nicht ... 134

Abschied Vom schwierigen Umgang mit Tod und Trauer ... 138

Klonen Wenn Menschen ihr Haustier wiederauferstehen lassen ... 142

Moral Darf ich Schnitzel essen? Antworten auf ethische Fragen ... 144

Wie wir unsere Haustiere besser verstehen

Hunde Das Geheimnis einer besonderen Seelenverwandtschaft ... 28

Freundschaft Wie eine vertraute Beziehung zu einem Pferd entstehen kann ... 38

Katzen Verschmust, vertraut – und doch ein wenig fremd ... 44

Katzentraining Mit der richtigen Methode Tricks erlernen ... 50

Katzensprache Eine Phonetikerin entschlüsselt das Miauen und Schnurren ... 52

Hühner Der erstaunliche Aufstieg des Federviehs zum Haustier ... 56

Spielen Ein uralter Trieb, der die Bindung zu unseren Gefährten vertieft ... 62

Vögel Viel schlauer als gedacht ... 90

Hundetraining Worauf jeder Halter bei der Erziehung achten sollte ... 106

Gesundheit Wie ein Hund den Menschen in Bewegung bringt ... 150

Hühner Intelligent, sozial, vielfältig. Und doch lange unterschätzt 56

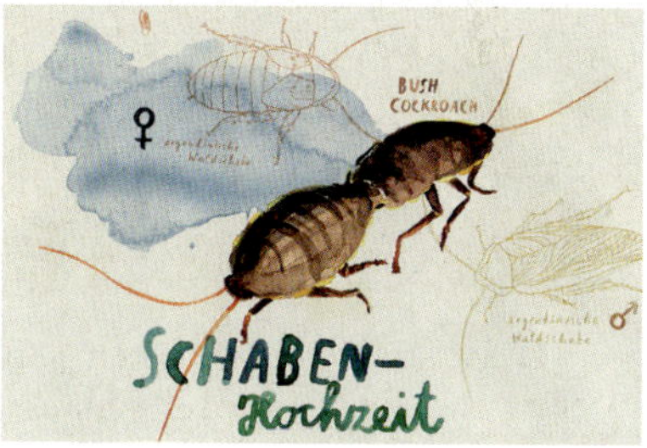

Exoten Donald Trump, die Fauchschabe – und andere Geschichten 112

Extra-Heft: Welcher Hund passt zu mir? 50 Porträts der beliebtesten Rassen

Jetzt neu: Die Wissensmagazine von GEO auf facebook.com/geowissen

Aus der Redaktion 6; Impressum, Bildnachweis 123; Die Welt von GEO 154; Titelbild: Rachael McKenna.
Alle Fakten und Daten sind vom GEO WISSEN-Verifikationsteam auf ihre Präzision, Relevanz und Richtigkeit überprüft worden. Kürzungen in Zitaten werden nicht kenntlich gemacht. Redaktionsschluss: 13. Oktober 2017.
Themen früherer Hefte und Kontakt zur Redaktion unter **www.geo-wissen.de**

Roadmovie

Theron Humphrey und Maddie

Zwölf Monate wollte der Fotograf mit einem Kleinbus durch die USA reisen. Doch nicht allein. Um Gesellschaft zu haben, adoptierte er einen Coonhound-Welpen aus dem Tierheim: Maddie wurde auf Tausenden Kilometern seine treue Begleiterin – und zum Model auf Hunderten Fotos.

Seite **80**

Fotografie

Achim Multhaupt

Der Spezialist für Porträts setzte die Hundetrainerin Dr. Barbara Schöning und ihre zwei Rhodesian Ridgebacks in Szene. Die Herausforderung dabei: Die beiden Tiere sind äußerst ruhig, denn sie kommen auch bei Wesenstests mit aggressiven Hunden zum Einsatz. Multhaupt brachte sie trotzdem in Bewegung.

Seite **106**

Art Director

Torsten Laaker

Wie lassen sich Texte und Bilder so verbinden, dass mehr entsteht als die Summe aller Teile? Vor der Frage steht der Art Director der GEO WISSEN-Gruppe jedes Mal aufs Neue. Schöpferisch jongliert er mit Schrifttypen, Formen und Farben – und entwickelte für diese Ausgabe ein neues Layout. Gefällt es Ihnen? Schreiben Sie ihm!

laaker.torsten@geo.de

Autor

Harald Martenstein

Seit Jahren schon schreibt der Redakteur des Berliner „Tagesspiegel“ auch für GEO WISSEN. In dieser Ausgabe erklärt der Schriftsteller („Ansichten eines Hausschweins“, „Romantische Nächte im Zoo“), warum sein kleiner Mischlingshund so wichtig für ihn ist.

Seite **150**

Illustration

Rinah Lang

In ihrem Berliner Atelier probiert die Künstlerin immer mal wieder neue Illustrationsstile aus. Und so war sie für uns genau die Richtige, um die kleinen Abenteuer zu bebildern, die Anja Rützel mit ihren ungewöhnlichen Haustieren erlebte: mit Schaben.

Seite **112**

Weil WISSEN die beste Medizin ist.
GEO WISSEN
GESUNDHEIT
NR. 6
EXTRA:
Botox & Co.
Alles über Nutzen und Risiken
Unsere Haut
Was ihr schadet – und was sie schützt!
Ernährung
Das richtige Essen für gesunde Haut
Anti-Aging
Was Cremes wirklich bringen
Krankheiten
Die beste Hilfe bei Hautleiden
Pflege
Was ist gut für Gesicht und Körper?
GEO WISSEN
GESUNDHEIT
DVD
Was unsere Haut schützt
Botox: Wundermittel oder Gift?
Mit DVD erhältlich: Gesunde Haut
Jetzt im Handel.

eine ganz besondere verbindung

John C. Bruno fühlt sich Vögeln wie diesem Rotschulter-Bussard eng verbunden und suchte ihre Nähe in einer US-Station für kranke Greifvögel. Die Fotografin Jayanti Seiler porträtierte ihn für ihr Projekt »Of one and the other«, in dem sie Menschen und ihre Tierbeziehung dokumentiert

PROTOKOLLE:

Olaf **Tarmas** und Bertram **Weiß**

•

FOTOKONZEPT:

Katrin **Trautner**

Zuweilen kommen sich ein Mensch und ein Tier außergewöhnlich nah. Sie werden zu engen Freunden, gar zu Vertrauten – ganz ohne gemeinsame Sprache. Neun Männer und Frauen erzählen von ihren einzigartigen Erfahrungen

Ein Flügelschlag bis zur Wildnis

John C. **Bruno**, *USA (Florida)*

Viele Jahre lang war ich ein *birdwatcher*: Ich beobachtete Vögel auf Touren in den Wäldern, meist mit dem Fernglas. Doch als ich pensioniert wurde, reichte mir das nicht mehr. Die Mitarbeit im „Audubon Center for Birds of Prey" in Florida gab mir die Möglichkeit, ganz besonderen Vögeln nahe zu sein: Falken, Bussarden, Adlern.

Über Monate lernte ich, wie sie täglich zu betreuen und mit Mäusen, Hühnerfleisch oder Fisch zu füttern sind. Dann durfte ich sie auch auf einem Lederhandschuh umhertragen – wie etwa den Rotschulter-Bussard auf dem Foto.

So einen auf die Hand zu nehmen ist gar nicht so schwer: Es ist eine natürliche Reaktion, dass sie einen Schritt auf den Handschuh machen, wenn man ihn vor ihren Bauch hält. Die Kunst ist, die Vögel dann dort zu halten – sie versuchen nämlich, wegzufliegen, selbst dann, wenn sie verletzt sind. Daher hält man sie mit der anderen Hand immer an einer Leine.

Viele Tiere sind über Wochen und Monate in Pflege. Ich habe mich mit Hingabe um sie gekümmert und oft um ihr Überleben gebangt. Mein Liebling war ein Geier-Weibchen namens Uffda. Es konnte nicht mehr fliegen und hasste es, auf dem Handschuh zu sitzen, stattdessen ging es lieber spazieren. Uffda wählte ihre Route, ich lief neben ihr her. Sie hatte so eine gewisse Ausstrahlung – ganz so, als habe sie das Kommando über die Station und würde sich von niemandem etwas sagen lassen.

Heute hege ich selbst Eulen. Und erinnere mich gern an die schönsten Momente in der Station: wenn wir einen Vogel wieder freilassen konnten. Im Auto, auf dem Weg in die Wälder, saß das Tier oft auf meinem Handschuh, die Augen mit einer Lederkappe bedeckt. Sobald wir im Freien waren und ich die Kappe entfernte, wirkte der Vogel wie angeknipst. Mit kräftigem Schwung warf ich ihn dann in die Luft – und ohne das geringste Zögern oder noch einmal zurückzukommen, flog er auf und davon.

Ich war dann stets etwas melancholisch – aber auch froh, denn genau das war ja das Ziel unserer Arbeit.

Die 32-jährige Tinja Myllykangas lebt gemeinsam mit ihrem Freund und 90 Husky-Hunden im finnischen Teil Lapplands nördlich des Polarkreises

Huskys gelten als schwierige Hunde, denn im Verhalten sind sie ihrem Urahn, dem Wolf, sehr ähnlich. Doch Tinja Myllykangas fühlt sich als Teil ihrer Gemeinschaft – und wird von den Tieren akzeptiert

Huskys haben einen enormen Bewegungsdrang. Deshalb lieben sie auch das Schlittenhundtraining. Der französische Fotograf Brice Portolano hat die Gespanne dabei begleitet

Eine Gemeinschaft in Schnee und Eis

Tinja **Myllykangas**, *Finnland (Lappland)*

Ich sehe meine Huskys nicht als untergeordnete Tiere an, sondern eher als Brüder und Schwestern. Wir kommunizieren von Gleich zu Gleich, über eine Körpersprache, die sehr genau und nuancenreich ist. Dabei achte ich nicht so sehr auf einzelne Signale wie die Stellung der Ohren oder Schwanzwedeln, sondern erspüre die Stimmung, die Energie, die ein Tier oder die Gruppe insgesamt an den Tag legt.

Ich habe zwar auch viel angelesenes Wissen über Huskys, aber im täglichen Umgang kommt es vor allem darauf an, dass ich als Person präsent bin. Dadurch entwickeln die Hunde das Vertrauen, dass ich für sie da bin. Es ist eine starke gegenseitige Bindung, die auf diese Weise entsteht – natürlich keine Liebe wie zwischen Menschen, wie zu meinem Freund, aber doch so etwas wie ein Familiengefühl, so etwas wie eine gemeinsame Liebe zum Leben.

Dadurch wird es einfach, mit den Tieren zu arbeiten. Ich bilde sie zu Schlittenhunden aus, aber nicht vorrangig für Touristen oder um sie zu verkaufen, sondern weil ich mit ihnen zusammenleben möchte. Ein Team aus sechs oder acht Schlittenhunden muss gut zusammenarbeiten, jeder hat seine Aufgabe. Ich sorge für sie und erledige, was sie nicht können. Nicht, weil ich als Mensch automatisch in diese Rolle schlüpfe, sondern weil ich von Natur aus eine starke Persönlichkeit bin. Ich bin in den Wäldern Nordfinnlands aufgewachsen, hatte früh einen Draht zu Tieren und mochte auf Pferden reiten, die andere für schwierig hielten.

Heute sind vor allem die 25 Wolfshunde in meinem Rudel anspruchsvoll; das sind Kreuzungen aus Husky und Wolf. Sie sind sehr unabhängig und kümmern sich scheinbar nicht um Menschen. Doch trotz ihrer distanzierteren Art habe ich auch zu ihnen ein enges Verhältnis aufbauen können. Sie suchen meine Nähe, obwohl sie jederzeit als Rudel in die Wildnis abwandern könnten.

Wenn ich für ein paar Tage verreise, entsteht in mir schnell ein Gefühl der Leere. Schon nach kurzer Zeit vermisse ich die Hunde und weiß: Ich muss rasch wieder zurück zu meiner tierischen Familie.

Eigentlich holte Stephanie Arndt ihr Pferd nur ins Haus, um es vor einem Orkan zu beschützen. Doch dann blieb Nasar in den vier Wänden. Der Fotograf Patrick Lux hat die ungewöhnliche Wohngemeinschaft besucht

Mitbewohner mit vier Hufen

Stephanie **Arndt**, *Deutschland (Nordfriesland)*

Als sich im Dezember 2013 in Norddeutschland ein Orkan ankündigte, machte ich mein Grundstück wetterfest. Ich wollte Nasar gerade in seinen Stall führen, als mir durch den Kopf schoss, dass der ja von hohen Kiefern umstanden ist, die das Gebäude unter sich begraben könnten. Mir fiel in diesem Moment nichts Besseres ein, als in aller Eile ein Zimmer in meinem Haus freizuräumen, mit Stroh auszulegen und Nasar dort unterzubringen.

Der Orkan tobte drei Tage lang. Und danach wollte Nasar nicht mehr in seinen Stall zurück. Es gefiel ihm bei mir zu gut.

Ich mochte die neue Wohnsituation ebenfalls – zumal sie viel weniger kompliziert war, als ich zuvor vermutet hatte. Nasar hatte von Beginn an Zugang zu Wohnzimmer und Küche, aber auch zu allen anderen Räumen. Zu meiner Überraschung bewegte sich das große Tier dort sehr behutsam und respektierte meine Ordnung. Nichts ging zu Bruch, er machte keine Unordnung.

Im Gegensatz zu meinem Hund war Nasar auch vom ersten Tag an stubenrein und verrichtete sein Geschäft stets in der gleichen, dick mit Stroh ausgelegten Ecke seines Zimmers. Auslauf hat er ebenfalls genug, er kann das Haus jederzeit verlassen. Doch lieber bleibt er meist da, drückt etwa auf Lichtschalter, schlürft Apfelsaft aus meinem Glas, zwickt mich spielerisch.

Natürlich habe ich mich gefragt, ob diese Unterbringung artgerecht ist. Aber zum einen weiß ich, dass Araberpferde sehr menschenorientiert sind – bei den Beduinen haben sie früher mit Familien in einem Zelt geschlafen. Und zum anderen sehe ich, wie entspannt Nasar wirkt.

Das liegt daran, dass unser Verhältnis schon sehr eng war, ehe er ins Haus kam. Ich habe Nasar als Fohlen zu mir genommen. Nach ein paar Wochen kam er eines Morgens zu mir getrabt und sah mich minutenlang intensiv an. Ich wagte mich kaum zu bewegen, so besonders schien dieser Augenblick. Dann kam er näher, schleckte mir über das Gesicht – und von da an hatte er mich als eine Art Partnerin oder Mutter angenommen.

Stephanie Arndt hat für Nasar ein Zimmer ausgeräumt und mit Stroh ausgelegt. Das Pferd äpfelt auch nur dort

Nasar könnte jederzeit das Haus verlassen. Doch er zieht es vor zu bleiben, sich frei zu bewegen – und mit Stephanie Arndt den Alltag zu erleben

Ein Leben für die Kaninchen

Josef **Sutter**, *Deutschland (bei Freiburg)*

Angora-Kaninchen sind für mich die schönsten Tiere überhaupt. Wenn so ein Hase voll in der Wolle ist, gibt es nichts, was ihm gleichkommt. Das Fell hat eine Länge von sechs Zentimetern, sieht großartig aus und fasst sich schön an, samtig und weich. Dazu kommt noch der Kopf- und Fußschmuck: die flauschigen Wollbüschel, die auf der Stirn und an den Pfoten sprießen – wunderbar.

Für Außenstehende sehen die Kaninchen vermutlich alle sehr ähnlich aus, aber ich erkenne große Unterschiede. Das Fell kann sehr verschiedenartig ausfallen, von weich und verfilzt bis glatt und hart. Auch vom Wesen her ist jedes Tier anders, manche scheu, manche frech.

Ich habe auf Wettbewerben schon etliche Preise gewonnen, 2009 sogar die Bundesmeisterschaft. Doch bei aller Tierliebe will ich auch nicht verschweigen, dass die Hasen lange Zeit einen praktischen Wert für mich hatten: Ich habe sie früher selber geschoren und die Wolle an Textilhersteller verkauft, die daraus Unterwäsche oder Bettdecken produzierten.

Derzeit halte ich 40 Tiere, einige davon sind meine Lieblinge, die ich ein bisschen dressiere. Im Gegensatz zu den anderen bekommen sie einen Namen und dürfen den Tag bei mir im Garten verbringen. Mithilfe von ein paar Bröckchen von Schokoriegeln oder Drops bringe ich sie zum Beispiel dazu, Männchen zu machen. Und wenn ich nach Hause komme, sehe ich als Erstes nach ihnen – und sie erkennen mich. Sie kommen auf mich zugelaufen und lassen sich streicheln, das genießen die richtig.

Und ich genieße es, sie ein wenig zu hätscheln. Als mein schönster Hase, Felix, mit sechs Jahren starb, tat das richtig weh. Ich habe wirklich getrauert um ihn.

Sein erster Gang am Tag führt den Freiburger Josef Sutter in den Stall, und das bereits seit 50 Jahren. Ein Leben ohne Angora-Kaninchen ist für ihn unvorstellbar

An einem stürmischen Tag fällt ein junger Vogel aus dem Nest – und landet im Schoß der australischen Familie Bloom. »Penguin« nennen die Kinder den Flötenvogel: wegen seines schwarz-weißen Gefieders

Penguin entwickelt zu den drei Söhnen eine besondere Beziehung. Doch vor allem die Mutter, Samantha Bloom, schöpft Kraft aus der Nähe des Vogels. Seit einem Unfall ist sie gelähmt

Nicht reden müssen, nicht denken: Samantha Bloom genießt es, mit Penguin herumzualbern. Früh auch gewöhnt sich der Vogel daran, im Liegen zu ruhen, genau wie die Familie

Der Vogel, der eine Familie rettet

Samantha **Bloom**, *Australien (Sydney)*

Zwei Stürze haben mein Leben verändert. Der erste geschah während eines Urlaubs in Thailand: Ich lehnte mich an ein Geländer, das brach ab – und ich fiel metertief. Blutungen im Hirn, Kollaps der Lunge, die Wirbelsäule unwiderruflich verletzt. Von diesem Tag an war ich an den Rollstuhl gefesselt. Ich entfernte mich immer weiter von meiner Familie, wurde depressiv. Einen Psychologen wollte ich nicht um Hilfe bitten. Was sollte das schon ändern, dachte ich.

Dann kam der zweite Sturz: Auf einem Parkplatz hob einer meiner Söhne ein kleines flauschiges Küken auf, das offenbar aus dem Nest gefallen war. Ein Flügel war seltsam nach hinten gedreht. Ein Flötenvogel, recht verbreitet in Australien. Wir nahmen ihn mit nach Hause, legten ihn in ein Handtuch. Der Tierarzt sagte: In der Natur würde er nicht überleben.

Wir tauften das Weibchen auf den Namen Penguin, denn es hatte schwarze Flügel und eine weiße Brust. Ich glaube zwar nicht an Gott – aber irgendjemand hatte uns dieses Tier gesandt. Es veränderte mich und die ganze Familie.

Wochenlang verharrte Penguin in ihrem Handtuch, aber ich hatte eine Aufgabe. Anfangs musste sie alle zwei Stunden gefüttert werden, nahm Nahrung nur von einem Finger. Irgendwann traute sie sich aus der Deckung, lag nun immer auf dem Fensterbrett und blickte aufs Meer hinaus. Schließlich flatterte sie durchs Wohnzimmer. In diesem Moment waren wir alle ganz verzaubert, sie wirkte so unbeholfen, ein bisschen behindert. Wie ich.

Der australische Sommer ist derart heiß, dass wir ständig die Terrassentür offen stehen lassen. Aber Penguin blieb: Morgens tappt sie in mein Schlafzimmer und setzt sich auf die Bettdecke, am Nachmittag beginnt sie zu flöten, kurz bevor die Jungs von der Schule zurückkommen. Wenn ich koche, sitzt sie neben mir. Wenn ich male, packt sie den Pinsel und kleckst ihren Teil dazu.

Monatelang hasste ich nach meinem Unfall menschliche Gesellschaft, aber Penguins Nähe liebte ich. Der Vogel redete nicht, er hörte einfach zu. Ich erzählte ihm, wie schlecht es mir geht, wie ich mit dem Schicksal hadere. Er war für mich der bessere Mensch in dieser Zeit.

So fand ich allmählich zurück in ein neues, zweites Leben.

Der Vater, Cameron Bloom, dokumentiert das Familienleben – auch, wie Penguin den Rollstuhl der Mutter erkundet

Der Wanderschäfer Felix Steinhagen liebt das Idyll seines Arbeitsortes. Zumeist ist er nur von Tieren umgeben

Zur Herde gehören auch ein paar Ziegen. Die Fotografin Anne Gabriel-Jürgens hat den Schäfer und die Tiere begleitet

Die Herde gibt den Rhythmus des Lebens vor. Steinhagen hinterfragt das nicht. Die Tiere lehren ihn: Was notwendig ist, muss ohnehin getan werden

Alltag im Einklang mit der Natur

Felix **Steinhagen**, *Deutschland (Fränkische Schweiz)*

Mir war schon früh klar, dass ich Schäfer werden wollte. Bereits mein Vater hatte eine Herde, und ich mochte die Tiere sehr. Heute ziehe ich im Sommer mit einer 1000-köpfigen Herde von Merino-Landschafen umher – das sind sehr schöne, umgängliche Tiere.

Mein Tagesablauf folgt dann meist dem gleichen Muster: Vormittags grasen die Schafe, während ich zusammen mit meinen Hütehunden aufpasse, dass sich keines zu sehr von der Herde entfernt. Mittags legen sich die Tiere in den Schatten, um zu ruhen und wiederzukäuen. Das ist für mich die Gelegenheit, Tiere zu untersuchen, die sich Dornen oder Steine eingetreten haben, und die dann herauszuschneiden.

Nachmittags grasen die Tiere noch einmal für vier Stunden, abends treibe ich sie zusammen und ziehe einen Elektrozaun um die Herde. Gegen neun Uhr kann ich dann nach Hause zu meiner Familie fahren.

Ich bin also den ganzen Tag sozusagen der Leithammel der Herde. Mit lauter Stimme gebe ich das Kommando, wenn wir weiterziehen. Als Erstes folgen mir dann meine rund 50 Leitschafe, dann der Rest. Leitschafe sind die dominanten Tiere, zu ihnen habe ich eine besondere Beziehung. Oft kommen sie im Laufe des Tages angelaufen, um sich ein paar Streicheleien abzuholen. Es sind durchaus unterschiedliche Persönlichkeiten. Manche schmiegen sich eng an mich, wenn wir weiterziehen, andere laufen am liebsten einen Meter vor mir, als wollten sie auch mich noch dominieren.

Die engste Beziehung habe ich zu Schafen, die ich mit der Flasche großgezogen haben, weil ihre Mutter sie verstoßen hat oder gestorben ist. Solche Tiere sind besonders zutraulich. Ich würde ihnen aber nie einen Namen geben – das wäre zu viel Nähe.

Ohnehin muss man sich auch ein wenig abgrenzen gegenüber den Tieren. Wenn ich die Lämmer über die Wiese springen sehe, geht mir zwar das Herz auf.

Aber ich weiß auch, dass ich sie nach vier Monaten zum Schlachter weggeben werde. Das ist einfach ein Teil meines Berufs und meines Einkommens.

Es ist, als würde das autistische Mädchen Iris meist in einer eigenen Welt leben. Einzig ihre Katze Thula scheint ihr dorthin folgen zu können. Arabella Carter-Johnson, die Mutter, hat die Unzertrennlichen fotografiert

Seit die Katze Thula den Alltag mit Iris teilt, mit ihr spielt, ruht und sogar badet, kann sich das Mädchen mehr und mehr auch Menschen öffnen – und ab und an sogar mit ihren Eltern sprechen

Verstehen, ganz ohne Worte

Arabella **Carter-Johnson**, *Großbritannien (Leicester)*

Sehr früh spürten mein Mann und ich, dass Iris anders ist als andere Kinder. Sie schien jeden Austausch mit Menschen zu meiden, nur selten lächelte sie. Es war, als lebte sie in einer anderen, uns fremden Welt. Eines Tages brachte ich ihr eine Katze mit, eine Maine Coon mit weichem, halblangem Haar, einem buschigen Schwanz und langen Tasthaaren an Schnauze und Brauen. Wir nannten sie Thula, ein Wort, das Iris aus einem ihrer Lieblingslieder kannte. Es ist Zulu und bedeutet „Friede".

Es war, als wäre Thula das erste Lebewesen, das wirklich Zugang zu Iris fand. Schon in der ersten Nacht schlief das Tier in ihren Armen. Und bald darauf hörte ich, wie sie zu Thula sprach: „Sitz, Katze", „Weiter, Katze", „Hör auf, Katze". Zwischen ihnen war eine Verbindung, die wir bis dahin nur selten zu unserer Tochter gehabt hatten.

Wo immer Iris heute ist, da ist auch Thula. Auch bei Radtouren, Picknicks oder Spaziergängen ist die Katze dabei. Selbst in der Badewanne sitzen die beiden zusammen. Es ist, als seien sie sich einig darin, dass es das Schönste ist, die Welt still zu beobachten. Zu sitzen, zu tasten, zu riechen.

Die wichtigste Beschäftigung der beiden aber ist wohl: malen. Oft stundenlang vertieft sich Iris in ihre Gemälde, auf denen Farben und Formen nur so flirren. An einen Abend erinnere ich mich besonders gut: Iris legte Thula drei ihrer kleinsten Pinsel vor die Pfoten. Zunächst wusste die Katze offenbar nichts damit anzufangen, doch dann begann sie, die Pinsel umherzuschieben. Iris juchzte. Seither hockt Thula immer auf der gleichen Ecke des Maltisches, links oben, und beobachtet, wie das Mädchen hingebungsvoll sprüht, pinselt, tupft.

Iris gerät oft in Angst, in panische Zustände. Lange fanden wir keinen Weg, sie dann zu beruhigen. Doch Thula kann das. Wenn Iris etwa nachts aufschreckt, legt sich die Katze neben sie und schnurrt vernehmlich, bis Iris wieder eingeschlafen ist. Mehr noch: Sie hilft Iris offenbar, langsam ihre eigene Welt zu verlassen. Denn heute spricht Iris auch mit uns. Nicht viel, aber mehr, als wir je gehofft hatten. Und sie lächelt.

Eine weiße Dame namens Letizia

Nirvana **Rapetti**, *Italien (Pavia)*

Im Jahr 2000 knackte es in dem Ei, und ganz allmählich kämpfte sich ein niedliches, sehr freudig wirkendes Gänseküken hervor. Da wusste ich, es gibt nur einen Namen für dieses Tier: Letizia, das italienische Wort für Freude.

Ich hatte das Ei von einem Freund als Geschenk bekommen, es war ein Dankeschön. Doch statt es zu essen, legte ich es einer unserer Hennen ins Stroh. Sie brütete es gemeinsam mit einem eigenen Ei aus, doch als Letizia geschlüpft war, fanden sie nicht zueinander. Immer wenn die Henne ihren Nachwuchs rief, wusste Letizia nicht, wohin. Also nahm ich mich ihrer an – und bis heute haben wir eine innige Verbindung.

Mein Mann ist Tierarzt. Und seit jeher leben wir mit vielen Geschöpfen zusammen, derzeit sind es zwei Hunde, fünf Katzen, zwei Pferde, fünf Enten, viele vielfarbige Hühner – und neuerdings auch ein Bienenstock. Eine meiner zwei Töchter ist außerdem Kaninchenzüchterin und versorgt derzeit 50 Tiere.

Wir sind also immer von Tieren umgeben. Aber in den letzten Jahren ist mir Letizia besonders ans Herz gewachsen. Sie lebt in unserem Garten.

Lange Zeit hatte sie auch einen Gänserich an ihrer Seite. Als er verstarb, veränderte sich ihr Verhalten schlagartig. Sie wirkte antriebslos, geradezu depressiv. Doch sie schien nun noch mehr Kontakt zu mir zu suchen, kam heran und zupfte an meinen Kleidern. Schließlich nahm ich sie immer mal wieder auf den Schoß, streichelte sie. Ich glaube, das hat ihr geholfen.

Mittlerweile ist Letizia eine alte Dame, hinkt ab und an. Und wir haben einen neuen Partner für sie gefunden. Sie gehen nur zu zweit spazieren und wirken dabei geradezu verliebt. Letizia ist zu alt, um Eier zu legen, aber mitunter kümmern sich die beiden auch um die Küken der Enten.

Doch immer noch bin ich der einzige Mensch, der sie berühren darf – und manchmal sogar umarmen.

Vor 17 Jahren erhielt Nirvana Rapetti ein Ei. Heraus schlüpfte die Gans Letizia. Die Freundschaft der beiden hat die Fotografin Diana Bagnoli für ihr Projekt »Animal's Lover« festgehalten

Für Günter Garbers ist jedes Tier wertvoll, unabhängig davon, ob Nutz- oder Haustier. Alle verdienen die gleiche Fürsorge, sagt er

Aus Liebe zu allen Geschöpfen

Günter **Garbers**, *Deutschland (bei Hamburg)*

Schmusi hat mein Leben verändert, von einem Tag auf den anderen. Der Highland-Bulle hatte seinen vorherigen Besitzer angegriffen, mit den Hörnern schwer verletzt und sollte getötet werden. Als ich davon erfuhr, entschloss ich mich spontan, das Tier zu retten, und kaufte es seinem Besitzer ab – nur Stunden, bevor es erschossen werden sollte.

Ich habe viel Mitleid mit Tieren, deshalb bin ich auch veganer Rohköstler. Ich verstehe einfach nicht, wieso Menschen ihre Hunde und Katzen lieben und hätscheln, Schweine, Lämmer und Rinder aber schlachten und aufessen.

Nutztiere sind zwar keine Haustiere, die man auf den Schoß oder mit aufs Sofa nehmen kann. Aber sie haben nicht weniger Seele, nicht weniger Recht auf ein gutes Leben. In meinem früheren Beruf als Schäfer bin ich oft gezwungen gewesen, meine Tiere selbst zu schlachten – und das habe ich im Laufe der Zeit immer weniger ertragen.

Als Schmusis neuer Eigentümer übernahm ich von einem Tag auf den anderen viel Verantwortung. Die größte Sorge war natürlich, dass er eines Tages vielleicht wieder einen Menschen angreifen könnte. Deshalb begann ich, die Weide, auf der er stand, neu einzuzäunen und darauf zu achten, dass sich kein Hund oder Mensch dorthin verirrt. Bis heute schlafe ich nachts manchmal in meinem Auto neben der Weide, um ganz sicherzugehen.

Dabei ist Schmusi eigentlich ein ausgesprochen gutmütiges Tier. Ich empfinde ihn als meinen Freund und behaupte, dass er es irgendwie spürt, dass ich ihm das Leben gerettet habe.

Wenn ich morgens die Weide betrete, kommt er angelaufen, schleckt meine Hände ab und zieht seine Nüstern hoch – als begrüße er ein Mitglied seiner Herde. Vor allem über seine Augen drücken sich dann Zuneigung und Sympathie aus.

Jedenfalls empfinde ich es so.

Garbers nimmt Tiere bei sich auf, die andernfalls geschlachtet worden wären. Drei Rinder versorgt er auf seinem »Lebenshof«

Früher zog der Veganer als Schäfer durch die Lüneburger Heide. Heute verdient er sein Geld mit dem Verkauf von Gemüse und Obst

Der Highland-Bulle Schmusi ist Garbers besonders ans Herz gewachsen. Der Fotograf Rafael Heygster hat die beiden besucht

die *menschen-* versteher

Text:

Katharina **Jakob**

•

Fotos:

Shaina **Fishman**

Mit keinem Tier verbindet uns eine längere und engere Geschichte als mit dem Hund. Über Jahrtausende haben die Vierbeiner einzigartige Fähigkeiten entwickelt, mit Menschen zu kommunizieren. Sie vermögen unsere Worte, Stimmlage, Gesten und sogar Gesichtsausdrücke zu interpretieren. Und haben verstanden, wie sie uns zu ihren Gehilfen machen

Kommunikationsprofis

Hunde wissen nicht nur die Körpersprache von Artgenossen zu deuten, wenn diese etwa, wie hier, in Spiellaune sind. Sie vermögen zudem wie kein anderes Tier menschliche Signale zu interpretieren (Dackel-Mischling)

m

Merle starrt mich wach. Die Mischlingshündin ist der Neuzugang in unserer Familie. Seit einer Woche ist sie da. Sie ist kein Welpe mehr, sondern ein ausgewachsener, rotgoldener Hund aus dem Tierheim, dessen Vergangenheit im Dunkeln liegt: Wir wissen nur, dass Merle auf einem Waldparkplatz ausgesetzt wurde. Doch auch wenn ihr früheres Zuhause nicht das beste gewesen sein mag – den Umgang mit Menschen beherrscht sie meisterhaft.

Ein unerfahrenes Tier, das sich morgens langweilt, winselt. Oder es schiebt seinem schlafenden Halter die Schnauze ins Gesicht und riskiert eine unwirsche Abfuhr. Ein kluger Hund macht das, was Merle da gerade anstellt: lautlos neben dem Bett stehen und intensiv den Menschen anstarren, bis der von selbst aufwacht – und auf ein Tier blickt, das nun mit seiner wedelnden Rute, den leuchtenden Augen, mit seinem ganzen Wesen auszudrücken scheint: Wie schön, dass du wach bist! Lass uns raus!

Doch es ist sechs Uhr morgens. Viel zu früh, finde ich. Und das sage ich dem neuen Hund. Ich tue es halb schlafend, ohne nachzudenken. „Leg dich wieder hin, Merle, ich bin noch zu müde“, murmele ich und registriere, wie sie tatsächlich kehrtmacht – als hätte sie mich verstanden.

Mit einem Grunzen sinkt sie in ihr Körbchen zurück. Seltsam, denke ich, kurz vor dem Wegdämmern. Und dann noch: Kann sie wirklich wissen, was ich sage?

Die verblüffende Antwort lautet: ja, in gewisser Weise. Wie Forscher heute wissen, hat sich kein anderes Tier zu einem solchen Menschenkenner entwickelt. Jeder Hund ist ein Meister darin, unsere Absichten zu deuten, unser Verhalten zu durchschauen.

Und er kommuniziert auf so intensive und vielfältige Art mit uns, dass sich nicht wenige Menschen von ihm verstanden fühlen, mitunter mehr als

Stille Beobachter

Sie verfolgen ständig, wie wir uns verhalten: Besonders unsere Körpersprache beobachten sie akribisch – und versuchen herauszufinden, was das wohl für sie bedeuten könnte. Vielleicht gibt es ja bald Fressen? (Labrador Retriever)

Die gemeinsame Geschichte von Hund und Mensch begann vielleicht schon vor 40 000 Jahren von ihresgleichen. „Der versteht jedes Wort“, sagen Hundehalter mindestens so oft wie: „Der tut nix.“

Umso merkwürdiger, dass die Wissenschaft ihn so lange mehr oder minder ignoriert hat. Der beste Freund des Menschen galt noch bis vor einigen Jahren als eine Art degenerierter Wolf, dem viele Fähigkeiten des Ahns abhanden gekommen sind. Daher lohne sich die Forschung an ihm kaum.

Es stimmt ja auch: Der Hund hört und riecht schlechter, sein Gehirn hat sich über die Jahrtausende verkleinert, die Mimik ist weniger fein als beim wilden Verwandten. Doch umgekehrt hat er viele Fertigkeiten erworben, die ihn wie kein anderes Tier mit Menschen zurechtkommen lassen.

Das haben inzwischen viele Forscher erkannt. Und sie finden immer mehr heraus über die einzigartige Fähigkeit der Hunde, Menschen zu beobachten, zu analysieren. Und zu verstehen.

Angeborenes Verständnis

Schon Welpen können unsere Zeigegesten richtig interpretieren. Womöglich ist diese Fähigkeit durch die lange Gemeinschaft mit dem Menschen inzwischen sogar in den Genen verankert – und muss nicht mehr erlernt werden (Cavalier-King-Charles-Spaniel)

k

Keine Beziehung des Menschen zu einem Tier ist so alt wie die zum Hund. Sie begann womöglich schon vor 40 000 Jahren – mit der Domestikation des Wolfs. Zu einer Zeit, als der *Homo sapiens* noch in Horden umherstreifte, jagte, sammelte, Höhlen bemalte.

Der Hund ist aber nicht nur unser erstes Haustier, sondern sicher auch unser wichtigstes. Während es Regionen gibt, in die das Pferd nicht vorgedrungen ist, haben die Wolfsabkömmlinge den Menschen in jeden Winkel der Erde begleitet, bis hinauf in die Arktis, wo es in früheren Zeiten ohne sie gar kein Überleben gab.

Auch lebt kein anderes Geschöpf unter so unterschiedlichen Bedingungen so eng mit uns zusammen: Hunde wohnen in den Baumhäusern der Korowai von West-Papua, lassen sich bei den Inuit in der arktischen Nacht einschneien, machen sich bei kenianischen Turkana als Babysitter nützlich oder werden in Handtaschen durch die Metropolen der Welt getragen.

Kein Wunder, dass Hund und Mensch ein besonderes Verständnis füreinander entwickelt haben. Wie tief es wirklich reicht, das untersucht die größte Hundeforschungsabteilung der Welt: das „Family Dog Lab“ an der Eötvös-Loránd-Universität in Budapest.

Seit seiner Gründung im Jahr 1994 hat das Family Dog Lab weit mehr als 100 Studien veröffentlicht. Die meisten widmen sich der Frage, wie die Kommunikation zwischen den beiden Spezies beschaffen ist. Aber auch, welche Prozesse im Gehirn daran beteiligt sind.

So entdeckten die ungarischen Forscher, dass in den Denkorganen von Menschen und Hunden ganz ähnliche Areale aktiv sind, wenn es darum geht, Stimmen zu verarbeiten. Auch findet die Reaktion auf emotionale Äußerungen, wie etwa Weinen oder Lachen, bei Hunden in Hirnregionen statt, die unseren vergleichbar sind.

Diese Übereinstimmung in der Verarbeitung sozialer Informationen könnte eine Erklärung dafür sein, warum unser Zusammenleben so gut funktioniert. Eine von vielen.

Katharina **Jakob**

hält seit vielen Jahren Hunde. Derzeit arbeitet die Wissenschaftsjournalistin an einem Buch über Tier-Intelligenz.

Shaina **Fishman**

wohnt in New York und fotografiert seit ihrer Kindheit Tiere; Pinguine in der Antarktis würde sie gern noch vor die Kamera bekommen.

Ein weiterer, besonders wichtiger Grund für unser harmonisches Miteinander liegt in der Beobachtungsgabe von Hunden. Denn wenn sie nicht schlafen, lesen sie uns in jeder Sekunde. Auf Körpersprache verstehen sie sich meisterhaft. Sie achten genau auf die menschliche Gestik, auf jede Bewegung der Miene, versuchen herauszufinden, was wir wohl als Nächstes vorhaben – und was das wiederum für sie bedeutet.

Blicken wir zum Kühlschrank, entgeht ihnen das nicht, denn es könnte ja heißen: Gleich gibt es Essen.

Am Family Dog Lab wurde in vielen Studien untersucht, wie sich diese Beobachtungsgabe auswirkt. So zeigte sich, dass Hunde wissen, was wir meinen, wenn wir mit dem Arm in eine Richtung deuten.

Sie interpretieren diese Bewegung zutreffend als Hinweis, der ihnen sagen soll: Da geht's lang. Und dann laufen sie in die angezeigte Richtung.

Das mag sich simpel anhören, aber an dieser Aufgabe scheitern unsere nächsten Verwandten, die Menschenaffen. Sie deuten zwar selbst auf Dinge, die sie haben wollen. Doch das, was der Hund vermag, ist ihnen offenbar fremd: eine menschliche Zeigegeste als Hilfsmittel zu interpretieren.

Mithilfe eines Spiels demonstrieren Forscher diese außergewöhnliche Begabung der Hunde. Dabei verstecken sie einen Belohnungshappen unter einem von zwei Bechern, ohne dass der Hund zusehen kann. Dann darf er wählen. Stupst er den falschen Becher an, geht er leer aus. So etwas passiert regelmäßig, wenn der Mensch ihm keinen Tipp gibt. Ohne Fingerzeig verlässt sich der Hund aufs Raten und trifft mal ins Schwarze und mal nicht. Offenbar ist ihm sein Riechvermögen bei dieser Aufgabe keine Hilfe, der richtige Behälter lässt sich nicht erschnüffeln.

Doch sobald die Versuchsperson mit einer Zeigegeste hilft, finden die Hunde den Happen auf Anhieb. Dabei reicht es sogar, nur auf den richtigen Becher zu blicken. Oder den Hinweis per Kopfbewegung zu geben.

Schon sechs Wochen alte Welpen beherrschen das Becherspiel. Das bedeutet vermutlich, dass das Verstehen menschlicher Zeigegesten nicht mehr erlernt werden muss, sondern ins Erbgut übergegangen ist, erworben durch die lange Gemeinschaft mit uns.

Frontaler Kontakt

Der direkte Blick ist unter Wölfen eine Drohung – unter Menschen indes eine wichtige Voraussetzung für gelingende Kommunikation. Hunde haben sich uns angepasst. Lassen sie einen nicht aus den Augen, bedeutet das: Du hast meine volle Aufmerksamkeit (Deutscher Schäferhund)

d

Denn zu den wohl frühesten Aufgaben von Hunden gehörte neben dem Bewachen das Treiben einer Herde von Nutztieren. Dabei mussten sie Schafe oder Rinder vorwärtsbewegen, zugleich aber auch den Hirten im Auge haben und dessen kleinste Signale befolgen: Kopfbewegungen, Handzeichen, Blicke.

Tiere, die das besonders gut konnten, wurden über die Jahrtausende weiter vermehrt. So hat sich diese Fähigkeit vermutlich genetisch verankert. Dafür spricht auch, dass Wölfe sich deutlich schwerer damit tun, menschliche Gesten zu deuten.

Man könnte meinen, der Hund sei vielleicht nur ein guter Befehlsempfänger und begreife den Fingerzeig als Anweisung, der er folgen muss. Aber das stimmt nicht, wie eine Kontrollstudie mit dem Becherspiel nachgewiesen hat. Dabei wurde den Testhunden absichtlich der falsche Becher gezeigt. Hatten diese zuvor mit angesehen, wo

Hilfe einfordern

Stehen Hunde vor einem Problem, etwa wenn sie ein Leckerli nicht finden können, nehmen sie Blickkontakt auf. Denn sie wissen: Manchmal kommen sie mit menschlicher Unterstützung schneller weiter (Australian-Shepherd-Mischling)

der Happen tatsächlich lag, ignorierten sie den Hinweis des Menschen.

Natürlich wollte ich herausfinden, ob auch Merle solche Gesten versteht. Und wandelte ein Spiel ab, das sie liebt: Leckerchen-Suchen im Garten. Da verstecke ich Käsestückchen zwischen Blumentöpfen und unter Sträuchern, die sie erschnüffeln muss. Weil sie dabei so aufgeregt ist, überrennt sie jedoch manche Happen im ersten Anlauf.

Anfangs habe ich mich nicht eingemischt, denn ihre Nase wies ihr immer irgendwann den Weg. Nun aber deutete ich mit einer Armbewegung in die Richtung des nächsten Leckerchens. Und tatsächlich: Merle verstand die Geste, folgte dem Hinweis und entdeckte ihr Käsestück im Nu.

Schnell ist mein Hund ein bisschen faul geworden. Findet sie den Happen nicht sofort, nimmt sie ihren Kopf hoch und blickt mich an. Sie sieht dabei aus, als wolle sie sagen „Gib mir einen Tipp“. Und auch das ist eine Erkenntnis aus der Hundeforschung: Die Vierbeiner können uns nicht nur scharf beobachten. Sie haben auch ihre Mittel, uns zum Handeln zu bewegen. Stehen Hunde vor einem unlösbaren Problem, benutzen sie Menschen geradezu als Werkzeug. Auch das konnten die Forscher vom Family Dog Lab wissenschaftlich belegen. Sie deponierten für neun Hunde Fleischstückchen, die außerhalb ihrer Reichweite lagen. Sieben brachen schon nach einer Minute ihre Bemühungen ab, an das Futter zu gelangen, und blickten ihre Halter hilfesuchend an.

Von den handaufgezogenen sieben Wölfen, die zum Vergleich getestet wur-

Wie bitte?

Wenn sie einmal nicht verstehen, was man von ihnen will, neigen Hunde zu Übersprungshandlungen: Sie gähnen etwa, beginnen sich zu kratzen – oder lecken sich über die Schnauze (Mops)

den, nahmen nur zwei überhaupt Blickkontakt mit ihrem Pfleger auf – doch nicht so lange und intensiv wie zuvor die Hunde. Denn in der Wolfswelt gilt der frontale Blick als aggressiv. Wer sein Gegenüber anstarrt, ist in der Regel auf Streit aus. Mit einem Menschen zu kommunizieren ist aber unmöglich, wenn man ihn nicht ansehen will.

Könnte hier einer der Gründe liegen, warum Mensch und Wolf einst zusammenkamen? Der Biologe Ádám Miklósi vom Family Dog Lab hält das für sehr wahrscheinlich. Irgendwann in den frühen Tagen der Domestikation könnte es Wölfe gegeben haben, die bereitwilliger als andere auf die Kommunikation nach Menschenart reagierten, sich dadurch besser zu Gefährten eigneten – und so den Stammbaum unseres ersten Haustiers begründeten.

a

Als Wölfe sich von Generation zu Generation zu Hunden entwickelten, gelangten sie in eine Umgebung, in der sie vollständig von uns abhängig wurden. Seither müssen sie in der Welt einer anderen Spezies zurechtkommen, deren Regeln nicht die ihren sind. Deshalb lernten sie irgendwann auch, genau die Gefühle der Menschen zu deuten.

In Wien gibt es das „Clever Dog Lab", das zur tiermedizinischen Universität gehört. 2015 haben dort Forscher den ersten handfesten Nachweis erbracht, dass Hunde verstehen, welche Emotionen sich im Gesicht eines Menschen abspielen – selbst dann, wenn nur Teile des Antlitzes gezeigt werden. Das ist, nach heutigem Forschungsstand, in der Tierwelt einzigartig.

Die Forscher trainierten zwei Hundegruppen darauf, mithilfe eines Touchscreens fröhliche Menschengesichter von wütenden zu unterscheiden. Das funktioniert über positive Verstärkung – bei richtigen Entscheidungen bekamen die Hunde eine Belohnung. Auf diese Weise lernten sie rasch, was von ihnen erwartet wurde.

Eine Gruppe von Tieren sollte die freundlichen Mienen erkennen, eine zweite die zornigen. Zunächst bekamen die Tiere nur ein einziges Gesicht zu sehen, mit einem jeweils heiteren oder erbosten Ausdruck.

Um auszuschließen, dass die Hunde sich an willkürlichen Merkmalen orientierten – etwa den Zähnen – wurde ihnen stets nur ein Teil des Gesichts gezeigt: entweder die Augenpartie oder die untere Gesichtshälfte.

Auffällig war, dass jene Tiere, welche die unfreundlichen Mienen auswählen sollten, deutlich länger brauchten, um die Aufgabe zu lernen. Offenbar fiel es den Hunden schwerer, sich dem Touchscreen mit der Nase zu nähern, wenn der Gesichtsausdruck unangenehm war – ein Hinweis darauf, dass sie tatsächlich wussten, was sie da sahen.

In einem weiteren Schritt wollten die Forscher herausfinden, ob es den Tieren auch gelang, das Gelernte auf neue Bilder zu übertragen. Dazu spielten sie den Hunden jeweils zwei Fotos unbekannter Gesichter vor, wiederum zerlegt in obere und untere Hälfte. Per Nasenstups sollten die Tiere bei jedem Bild entscheiden, ob sie ein frohes oder ein erbostes Antlitz erkannten, je nachdem, worauf sie trainiert worden waren.

Die Mehrheit der Hunde meisterte die Aufgabe souverän. Und setzte sich damit erneut von den Primaten ab, von denen man zurzeit nur weiß, dass sie Menschengesichter wiedererkennen. Aber nicht, ob sie auch die Emotionen darin verstehen.

w

Wie aber steht es um unser wichtigstes kommunikatives Medium, die Sprache? Hat der Primus in Menschenkunde auch dafür ein Gespür? Forscher sagen:

eindeutig ja – und erwähnen als Beispiel einen berühmten Border Collie namens Chaser.

Diese Hündin aus den USA beherrscht nach jahrelangem Lernen inzwischen einen Wortschatz von 1022 Begriffen, hauptsächlich Namen von Spielzeugen, die sie alle auseinanderhalten kann. Zudem ordnet sie die Begriffe bestimmten Kategorien zu, etwa „Tiere" oder „Bälle", und versteht die Bedeutung von drei unterschiedlichen Aktionen: bringen, anstupsen, Pfote auflegen.

Dass sie nicht nur stupide Befehle erlernt hat, schlussfolgern Forscher daraus, dass sie Spielzeuge, Kategorien und Aktionen frei zu kombinieren vermag. Eine Leistung, die weitaus mehr Verständnis der Zuordnung von Bedeutungen voraussetzt als banales Ausführen von Kommandos.

Neue Wörter lernt die Hündin dadurch, dass sie sie mit ihrem alten Wortschatz abgleicht, genau wie ein Kleinkind beim Spracherwerb. Legt man ein unbekanntes Spielzeug in Chasers große Sammlung und sagt dazu ein Wort, das sie noch nie gehört hat, muss dies der Name des neuen Objekts sein. Und genau das holt sie dann später heraus, wenn man sie darum bittet.

Solche Meisterleistungen wird ein normaler Familienhund in der Regel nicht zeigen. Doch auch der versteht mehr als gedacht von dem, was wir ihm sagen.

Die Budapester Wissenschaftler vom Family Dog Lab haben unter anderem nachgewiesen, dass das Hundehirn Stimmen in ähnlichen Arealen verarbeitet wie das des Menschen. Der Forscher Attila Andics gab sich mit diesem Ergebnis aber noch nicht zufrieden. Er wollte auch wissen, wie genau Hunde auf Wörter reagieren, die sie kennen.

Und tatsächlich entdeckte Andics, dass die Tiere im täglichen Strom der Sprache, die sie umgibt, jene Begriffe erkennen, die ihnen geläufig sind, etwa „guter Hund" oder „fein gemacht".

Mehr noch: Sie registrieren die Intonation der Ausdrücke – und das auf die gleiche Art wie wir. Vertraute Begriffe stimulieren schwerpunktmäßig eine Region in der linken Gehirnhälfte, während in der rechten die Sprachmelodie verarbeitet wird.

Passen Inhalt und Tonfall zusammen – wird ein lobendes Wort also auch so artikuliert –, zeigt der Hirnscan eine starke Aktivität im Belohnungssystem. Spricht man dagegen bedeutungslose Begriffe lobend aus, bleibt dort eine Reaktion aus.

Hunde vermögen also wie Menschen zwischen dem Tonfall und der Bedeutung eines Wortes zu differenzieren, können beides in Beziehung zueinander setzen und Schlüsse daraus ziehen. Eine Leistung, die kein anderes Tier beherrscht.

Umgekehrt allerdings ist der Mensch nicht sonderlich begabt zu erkennen, wie die Signale eines Hundes gemeint sind – etwa dass Knurren nicht immer feindselig ist, sondern auch ein Spiellaut sein kann, ebenso wie Bellen. Und dass Wedeln manchmal Anspannung signalisiert und nicht immer nur Heiterkeit ausdrückt.

Die Menschen müssen noch viel darüber lernen, wie der Hund zu ihnen spricht. Und zunächst verstehen, dass er kein Wolf mehr ist, sondern ein ganz eigenes Tier mit ganz eigenen Ausdrucksweisen.

Die Hunde aber kennen uns schon weitaus besser, als wir oft glauben. Denn so wie Merle mich an jenem Morgen anstarrte, so beobachten uns die Tiere schon seit Jahrtausenden.

Deshalb kannte sie zwar nicht die exakte Bedeutung des dahingemurmelten Satzes: „Leg dich wieder hin, Merle, ich bin noch zu müde." Aber sie konnte aus ihrem Namen, dem Tonfall, meiner Miene und meinem Verhalten den Schluss ziehen, dass es noch nichts wird mit dem Morgenspaziergang.

Und mich somit eben doch exakt verstehen. ◂

GUT ZU WISSEN

Einzigartige Wesen

Hunde haben über die Jahrtausende ganz eigene, auf das Zusammenleben mit dem Menschen ausgerichtete Verhaltensweisen entwickelt.

Geschickte Strategie

In der Welt der Menschen sind die Tiere auf Hilfe angewiesen. Deshalb haben sie Wege gefunden, uns zum Handeln zu bewegen.

Nachholbedarf

Hunde können unsere Signale sehr treffsicher interpretieren – wir die ihren längst nicht immer.

LESETIPPS

Udo Gansloßer, Kate Kitchenham
Forschung trifft Hund
Umfassender Überblick zum aktuellen Stand der Forschung über das Sozialverhalten und die geistigen Leistungen von Hunden – verfasst von einem versierten Zoologen und einer seriösen Hundetrainerin.
240 Seiten, 29,99 Euro

Juliane Bräuer, Juliane Kaminski
So klug ist Ihr Hund
Geballte Kompetenz zum Thema Kognition: Kaminski leitet das renommierte „Dog Cognition Center" in Portsmouth, Bräuer forscht am Max-Planck-Institut für Menschheitsgeschichte in Jena.
160 Seiten, 19,95 Euro

Kurt Kotrschal
Hund & Mensch – Das Geheimnis unserer Seelenverwandtschaft
Der Wiener Verhaltensbiologe führt auf anschauliche und unterhaltsame Weise durch die Geschichte und Eigenheiten dieser besonderen Tier-Mensch-Beziehung. *272 Seiten, 24,90 Euro*

Standhaftigkeit

Als der junge Wallach Belmondo
zu seinen neuen Besitzerinnen kommt, ist
er ungestüm und dominant. Erst
allmählich lernt er, Anweisungen zu
folgen – und der Ausdruck in seinen
Augen wird entspannter

mit *mut* und *geduld*

Text:

Gabriela **Herpell**

•

Fotos:

Anne **Gabriel-Jürgens**

Zwei Frauen beschließen, ein junges, unerzogenes, ungerittenes Pferd in ihre Obhut zu nehmen. Und lernen schnell: Nur mit dem richtigen **Gespür und viel Ausdauer** kann es gelingen, das Vertrauen eines Tieres zu gewinnen, das vor allem eines braucht – Führung

Zutrauen

Senkt Belmondo seinen Hals, signalisiert er, dass er sich wohlfühlt und vertraut – die wichtigste Voraussetzung, um ihn in vielen kleinen Schritten an seine Rolle als Reittier gewöhnen zu können

b

Belmondo hatte gerade kein Zuhause mehr, als wir gerade ein neues Pferd suchten. Es war also Schicksal, dass wir zusammenfanden. Belmondo ist fünf Jahre alt, ein kleiner Fuchs mit vier nicht besonders langen Beinen und weißen Fesseln. Eigentlich wollten wir keinen kleinen Fuchs mit vier weißen Beinen. Aber vor allem wollten wir – zwei Frauen über 50 – kein junges, unerzogenes, ungerittenes Pferd. Das ist etwas für Profis, dachten wir.

Vor Belmondo hatten wir eine Stute, ein hochbeiniges, elegantes Tier. Als sie zu uns kam, waren wir jünger, und sie war schon erzogen und eingeritten. Wir hatten sie 16 Jahre lang, bis zu ihrem Tod. Sie war zurückhaltend, ängstlich, ausweichend. Es hat lange gedauert, ihr Vertrauen zu gewinnen, aber dann konnten wir alles mit ihr machen. Wenn wir vorausgingen, folgte sie. Aber sie wäre nie vorausgegangen.

Belmondo ist das genaue Gegenteil. Optisch, aber auch sonst. Nicht nur, weil er ein Wallach ist. Er ist selbstbewusst, dominant, cool. Und er geht sehr gern voraus.

Als er zu uns kam, konnte er nichts. Er ließ sich ein Halfter überstreifen und wieder ausziehen, das schon, aber er ließ sich kaum führen. Wenn wir ihn anbanden, um ihn zu putzen, zappelte er herum, knabberte alles an, wieherte nach rechts und nach links, blähte die Nüstern, bog den Hals, beobachtete einen auf Schritt und Tritt. Dabei war er nicht etwa nervös oder verunsichert, sondern neugierig und fordernd. Er zersprang fast vor Energie.

Das kannte ich nicht. Und obwohl ich lange ein Pferd mitbesessen hatte und dachte, mich recht gut auszukennen, machte ich nun einen Fehler nach dem anderen.

Aber im Zuge der Erziehung dieses jungen Pferdes lernte ich auch verstehen, weshalb Berater häufig Führungskräfte und Manager mit Pferden trainieren lassen. Wenn man ein Wesen, das hundertmal stärker ist als man selber, bewegen möchte, muss man ihm eine andere Stärke als die körperliche entgegensetzen. Und man muss sich ziemlich gut im Griff haben.

Sicher, man darf Angst haben, alles andere wäre übermenschlich. Aber das Pferd darf die Angst nicht spüren. Ihm vermittelt man Sicherheit, Selbstbewusstsein, mentale Stärke, wie auf einer Bühne, wie in einer Konferenz, wie in einem Vorstellungsgespräch.

d

Der Wallach ist ein paar Tage bei uns, als ich ihn zum ersten Mal longieren möchte. Er trägt nur sein Halfter, noch keine Trense. Er geht im Schritt um mich herum, als hätte er nie etwas anderes getan. Aber antraben möchte er nicht. Ich schnalze mit der Zunge und hebe die Peitsche, da tritt er nach mir, blitzschnell, mit dem linken Hinterbein, und trifft meinen Arm.

Ich gehe in die Knie, mir ist schlecht vor Schmerz und Schreck. Aber ich weiß sofort, dass es mein Fehler war.

Ich beherrsche seine Sprache nicht. Und ich habe viel zu schnell viel zu viel von ihm verlangt. Ich habe ihn gestresst, und das ist seine Antwort.

Der Tritt tut weh. Aber noch schlimmer ist

Gabriela **Herpell**

ist Redakteurin beim »SZ-Magazin« und besaß 16 Jahre lang eine brave Stute, bevor Belmondo zu ihr kam.

Anne **Gabriel-Jürgens**

möchte mit ihren Fotos intime Momente einfangen – ohne zu inszenieren.

Haltung

Nur wenn die Körpersprache deutlich und entschieden ist, hört Belmondo auf Kommandos. Wirkt seine Halterin ruhig und konzentriert, ist auch er ruhig und konzentriert. Begegnet sie im fahrig und unsicher, ist auch das Pferd nervös und abgelenkt

Gespür

Damit ein junger Wallach wie Belmondo gern arbeitet und folgt, muss die Reiterin auf ihn eingehen. Daher ist es nötig, ihn genau zu beobachten: Schaut er gelassen? Sind die Ohren gespitzt oder nach hinten gelegt? Schlägt er oft mit dem Schweif? Schnaubt oder stöhnt er?

die Erkenntnis, wie ahnungslos ich bin: die Enttäuschung über mein fehlendes Einfühlungsvermögen, meinen mangelnden Pferdeverstand.

Ich besorge mir Bücher und Videodokumenationen über *horsemanship*: die Kunst, mit Pferden pferdegerecht und pferdeverständlich umzugehen. Da geht es nicht nur ums Reiten, sondern auch um die Arbeit mit dem Tier. Ziel ist, das Pferd nicht zu überfordern, es nicht zu verängstigen, ihm keine Schmerzen zuzufügen.

In den Videos sieht alles so locker aus. Da laufen die Pferde am durchhängenden Strick neben ihren Begleitern her, brav im Kreis um ihre Besitzer herum, im Schritt, im Trab, im Galopp. Macht einer der Menschen in den Dokumentationen einen Schritt auf sein Pferd zu, weicht das Tier zurück. Macht er einen Schritt zurück, folgt das Pferd ihm. Zeigt er mit der Hand nach rechts, geht das Pferd nach rechts.

Sie alle führen und longieren ihre Pferde monatelang, bevor sie sich zum ersten Mal draufsetzen. Sie gehen um die Tiere herum, putzen sie, massieren sie, heben ihre Hufe einzeln hoch und setzen sie vorsichtig wieder ab. Sie gewöhnen sie an seltsame Anblicke wie Regenschirme, Kinderwagen, Traktoren, Planen im Wind. Sie bringen ihnen bei, auf ihre Stimme zu hören. Kurz: Sie erwerben ihr Vertrauen.

Erst dann zeigen sie den Pferden zum ersten Mal einen Sattel, legen ihn kurz auf, das nächste Mal dann einen Moment länger, und wenn das Pferd sich daran gewöhnt hat, den Sattel zu tragen, ziehen sie den Gurt vorsichtig an und legen sich selbst bäuchlings über den Sattel.

Beim nächsten Mal ziehen sie den Gurt fester, in Etappen natürlich, steigen halb auf, dann ganz, lassen das Pferd ein paar Schritte gehen, rutschen wieder ab. Und nie vergessen sie, das Pferd zu loben.

Ich gehe los, Belmondo mit Halfter am Führstrick. Er soll mit dem Kopf auf der Höhe meiner Schulter laufen. Er kommt mir gleich viel zu nahe, rennt mich fast um, und ich, angespannt, laufe mehr vor ihm weg, als ihn zu führen. Sein Gesichtsausdruck wird unsicher, fast wütend, man sieht das Weiße in seinen Augen.

Ich denke an alles, was ich gelesen und gesehen habe. Ich atme aus. Richte mich auf. Kopf hoch, Schultern straff. Ich schaue nach vorn, dahin, wo ich hin möchte, und nicht zurück aufs Pferd. Dazu muss ich mich zwingen, möchte eigentlich sehen, was er gerade tut. Wie er blickt. Aber ich gehe. Sage langsam, mit fester Stimme: „Schee-ritt“. Und gehe schneller, damit er sich anstrengen muss, um mir zu folgen. Das tut er.

Ich werde mutiger, sage „Halt“, bleibe stehen, die Schultern breit, meine Körpersprache deutlich und entschieden.

Erst läuft er ein Stückchen weiter, zögert, bleibt dann auch stehen. Ich lobe ihn, erst mit der Stimme, brav, dann berühre ich ihn an der Stirn. Das Weiße in seinen Augen – ein Hinweis auf Angst und Aufregung – ist nicht mehr zu sehen. Sie sind dunkelbraun, blank, zufrieden.

Wir wiederholen das tagelang. Drinnen und draußen. Gehen, stehen bleiben, weitergehen, irgendwann nehmen wir ein paar Schritte rückwärts dazu, dann ein paar Schritte seitwärts, ein paar Schritte im Trab. Ich rede viel mit ihm, lobe ihn, sehe kaum noch Weiß in seinem Auge. Stattdessen wiehert er leise, wenn er findet, dass er etwas besonders gut gemacht hat.

Es sind kleine Schritte, die wir machen. Wir stecken uns keine zu hohen Ziele. Vermeiden Misserfolge. Wenn ich ruhig und konzentriert bin, ist er ruhig und konzentriert. Wenn ich fahrig und unsicher bin, ist er fahrig und unsicher. Wenn ich wütend werde, wird er es auch.

a

Als ich Belmondo das erste Mal wieder longiere, ist mir fast schlecht vor Aufregung. Ich führe ihn in einem kleinen Kreis um mich herum, wie ich es in den Videos gesehen habe, dann zeige ich mit dem linken Arm nach links, wie ein Fahrradfahrer beim Abbiegen, damit er sich von mir entfernt und den Kreis größer werden lässt.

Ich achte darauf, immer vor dem Pferd zu stehen, also auf der Höhe seiner Vorderbeine, sodass mich seine Hinterbeine nicht erwischen können. Ich bin angespannt, aber versuche, mir das nicht anmerken zu lassen. Es ist kein Verstellen, das ist nicht möglich, es ist ein Sich-selbst-Beruhigen. Es funktioniert. Er geht Schritt, er trabt, er galoppiert. Brav!

Wir wechseln die Hand. Ich zeige nach links. Belmondo will sich nicht von mir lösen, ich werde reflexartig panisch, weiche zurück, bevor ich überhaupt nachdenken kann. Der Tritt sitzt mir noch in den Knochen. Belmondo kommt auf mich zu, mit hoch erhobenem Hals und breiter Brust, wird immer größer, bedrohlicher.

Ich muss mich überwinden, mich aufzurichten, Kopf hoch, Schultern zurück, und auf ihn zuzugehen. Aber es gelingt, ich mache einen Schritt.

Er weicht zurück. Lässt seinen Hals fallen und kaut, ein Zeichen für Entspannung. Der Ausdruck in seinen Augen verändert sich von unruhig und herausfordernd zu freundlich und zufrieden.

Er merkt nichts mehr von meiner Angst, die noch immer da ist. Aber

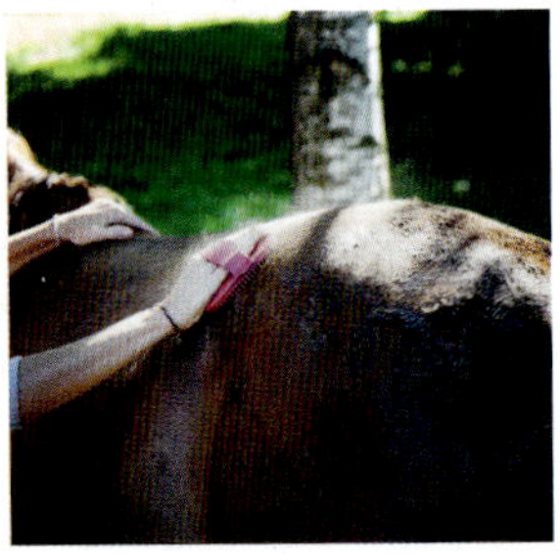

Belohnung

Das junge Pferd liebt es, an der Stirn berührt zu werden. So kann sich seine Halterin bedanken, es loben. Sie redet viel mit ihm, putzt, massiert den Wallach. So bringt sie ihn dazu, auf jedes Wort zu hören: Schritt, Trab, Galopp, Halt. Wenn er das Gefühl hat, er habe etwas besonders gut gemacht, wiehert er leise in sich hinein ich habe sie im Griff. Er lässt sich leicht nach links dirigieren und läuft aufmerksam und konzentriert um mich herum.

Ich bedanke mich oft bei ihm. Berühre ihn an der Stirn, das liebt er.

Mittlerweile ist Belmondo seit anderthalb Jahren bei uns. Er steht in einer Wallach-Herde, in der er sich zum Stellvertreter des Chefs hochgearbeitet hat. Im Sommer sind die Pferde Tag und Nacht draußen oder in einem offenen Stall, ganz wie sie möchten. Sie können grasen und sich wälzen und herumjagen. Das alles macht den Umgang mit einem Pferd wie Belmondo leichter.

Beim Longieren hört er jetzt auf jedes Wort. Schritt, Trab, Galopp. Halt, und brav. Dann wiehert er leise, wie ein kleiner Musterschüler.

Seit einem Jahr reiten wir ihn auch. Aber auch da haben wir dazugelernt. Denn wenn man es wie wir vorher immer mit eingerittenen Pferden zu tun hatte, denkt man kaum daran, dass ein Pferd nicht dazu geboren ist, einen Reiter auf dem Rücken zu tragen. Die Muskeln müssen sich erst bilden, das Pferd muss durch den Reiter zum Reittier geformt werden.

Ingrid Klimke ist eine erfahrene Dressur- und Vielseitigkeitsreiterin. Sie beklagt, wie schnell junge Pferde heute ausgebildet werden, weil die Menschen nicht mehr genug verstünden von ihrer Anatomie und ihrem Wesen. Am wichtigsten in der Ausbildung des Pferdes sei es, das Tier genau zu beobachten.

Die Augen. „Wenn das Auge des Pferdes unruhig blickt, ist es ängstlich."

Die Ohren. Sind sie nach vorn gedreht und gespitzt? Oder zeigen sie nach hinten und sind angelegt? Das ist ein Zeichen dafür, dass das Pferd Distanz sucht.

Der Gesichtsausdruck. „Im Gesicht eines Pferdes lesen zu können gehört zu den schönsten Erlebnissen im Umgang mit ihm", so Ingrid Klimke.

Der Schweif. Pferde, die beim Reiten oft mit dem Schweif schlagen, seien angespannt und empfindlich, schreibt sie.

Die Stimme. Denn das Pferd hat eine Stimme, wenn es sie auch nur selten erhebt. Es wiehert, zur Begrüßung oder vor Aufregung. Wenn es schnaubt, entspannt es sich. Und wenn es stöhnt, muss es große Schmerzen haben.

Belmondo hat noch nie gestöhnt, dafür wiehert und schnaubt er umso mehr. Er ist sehr kommunikativ. Seit ich ihn besser kenne, sehe ich ihm auf 100 Meter an, ob er gute oder schlechte Laune hat.

Er kann fröhlich blicken und missmutig. Er kann sehr motiviert sein, aber zuweilen auch überhaupt keine Lust haben, etwas zu tun. Fliegen, Mücken und Bremsen nerven ihn sehr, weil er, auch das mussten wir erst begreifen, als heller Fuchs eine extrem empfindliche Haut hat.

Trecker, Kinderwagen und Regenschirme schrecken ihn nicht, aber wenn sich hinter einer Hecke etwas bewegt, was er nicht erkennen kann, glaubt er an Gespenster und macht, wenn man nicht aufpasst, auf dem Absatz kehrt.

Aber wir kommen reiterlich gut voran. Wir gehen ins Gelände, klettern Steilhänge hinauf, kreuzen durch den Wald und traben durchs Wasser.

Wir gehen auf den Platz, galoppieren über Stangen und machen kleine Sprünge.

Wir üben uns in Geduld. Denn wir wollen ihn zu einem Pferd ausbilden, das den Reiter trägt und sich dabei so locker und ungezwungen bewegt wie in Freiheit.

Und wir versuchen, ihn zu einem Pferd zu erziehen, das gern mit uns arbeitet und nicht gegen uns kämpft. Denn dann hätten wir keine Chance.

Zugegeben, er hat uns beide schon abgeworfen, und wir sind natürlich so schnell wie möglich wieder aufgestiegen, das kennt man als Reiter. Aber anders als früher haben wir darüber nachgedacht, welchen Anteil wir selbst an diesen Stürzen hatten.

Und es war wie gehabt: Wir haben die Zeichen, die Belmondo deutlich ausgesendet hat, nicht ernst genug genommen.

Wir werden uns bessern. ◂

Niedlich eigensinnig

Mal sind sie zutraulich und anschmiegsam, dann wieder unnahbar und eigenwillig: Katzen vereinen vieles in sich, was widersprüchlich erscheint – und sind vielleicht gerade deshalb so beliebt. In Deutschland leben zwölf Millionen von ihnen

Text:

Anja **Reumschüssel**

•

Fotos:

Felicity **Berkleef** und Carolyn **Lagattuta**

verschmust, und doch ein

Seit Jahrtausenden leben sie mit Menschen zusammen, suchen oft engen Körperkontakt. Und doch haben sich Katzen etwas Urtümliches bewahrt: Sie faszinieren durch ihr ungezähmtes Wesen, durch Eigensinn und Unabhängigkeit. Was geht in ihren Köpfen vor? Und wie nahe können wir ihnen tatsächlich kommen?

vertraut – wenig **wild**

Für die einen ist sie ein verschmuster Stubentiger, der wohlig schnurrend um die Beine streicht, abends auf den Schoß springt und sich zwischen den Ohren kraulen lässt. Für andere ist *Felis silvestris catus* ein unnahbarer Vierbeiner, der oft gleichgültig, manchmal verdrossen dreinschaut und bisweilen unheimliche Laute von sich gibt.

Kurz: Manchen Menschen bereitet die Katze höchstes Glück, anderen ist sie ein Gräuel, und das seit jeher.

Hießen manche unserer Vorfahren die Tiere als Mäusejäger in Haus und Kornspeicher willkommen, verdammten andere sie als Gesellen des Teufels, die Hexen auf ihrem Rücken reiten ließen und rechtschaffenen Menschen Unglück brachten. Denn trotz ihres Jahrtausende währenden Zusammenlebens mit dem Menschen, trotz neu gezüchteter Fellfarben, Haarlängen und Ohrgrößen haben sich Katzen etwas Eigenwilliges, ja Wildes bewahrt.

Gerade diese Unabhängigkeit, gepaart allerdings mit einer ausgeprägten Anschmiegsamkeit, schätzen Katzenliebhaber an ihren Vierbeinern. Die Tiere brauchen deutlich weniger Pflege und Betreuung als Hunde und bestechen oft mit ihrem stolzen Eigensinn und einer grazilen, geheimnisvollen Schönheit. Allein in Deutschland leben zwölf Millionen Katzen, kein anderes Heimtier ist so beliebt.

Sind Katzen aber wirklich derart ungezähmt, wie es scheint? Wie nah kann der Mensch ihnen kommen? Und genießen die Vierbeiner gar die Nähe der Zweibeiner mehr als umgekehrt?

Wann Mensch und Katze einst zueinandergefunden haben, ist nicht zweifelsfrei zu belegen. Doch eines scheint gewiss: Der gemeinsame Weg begann bereits vor mehr als 10 000 Jahren im Nahen Osten – in jener Zeit also, in der unsere Ahnen begannen, sich in dieser Region erstmals in festen Siedlungen niederzulassen und Ackerbau zu betreiben. Das Anlegen von Vorräten brachte allerdings Probleme: Mäuse fraßen immer wieder Teile der Ernte.

Die Nager lockten Katzen an. Die Menschen erkannten deren Nutzen und duldeten die geschickten Mäusejäger in ihrer Nähe – und die Geschichte einer Zweckfreundschaft begann.

Jahrtausendelang hatten Katzen vor allem eine Aufgabe: Mäuse jagen. Anders als Hunde, die für unterschiedliche Aufgaben gezüchtet wurden, vom Jäger bis zum Spielgefährten, haben Katzen ihre ursprüngliche Gestalt und Größe daher bis heute weitgehend bewahrt.

Zwar ist die Vielfalt der Rassen kaum zu überschauen – es gibt kurznasige Perser und schlappohrige Faltohrkatzen, graublaue Kartäuser und langhaarige Angora. Doch im Kern sind sich alle Katzen untereinander ähnlicher als etwa ein Mops, ein Husky und ein Dalmatiner. Das konnten Forscher genetisch belegen: Das Erbgut von Hauskatzen und echten Wildkatzen unterscheidet sich nur in einigen wenigen Genen. Sie sind sich genetisch damit deutlich ähnlicher als Hunde und Wölfe.

Denn gezielt gezüchtet werden Katzen erst seit knapp 200 Jahren. Meist, um ihr Fell zu verändern. Rund 20 Gene bestimmen Farbe, Muster und Beschaffenheit der Katzenhaare.

Es gibt auch Züchtungen, die den Körperbau beeinflussen – nicht immer zum Vorteil des Tieres. Die Faltohrkatze etwa ist anfällig für Ohrinfektionen, die Perserkatze leidet mit ihrer flachen Nase häufig unter Atemnot,

Anja **Reumschüssel**

ließ sich bei ihrer Recherche ausführlich von dem Zürcher Katzenforscher Dennis Turner beraten.

Felicity **Berkleef**

Die stimmungsvollen Farbporträts der niederländischen Fotografin offenbaren einen selten intimen Blick auf die eigensinnigen Vierbeiner.

Vertraute Nähe

Wie gern eine Katze kuschelt, hat auch mit ihrer Erfahrung zu tun: Jungtiere, die in den ersten zwölf Wochen viel Kontakt zu Menschen haben, sind oft besonders zutraulich

haarlose Sphynx-Katzen dürfen oft nur mit Sonnencreme aus dem Haus.

Bestrebungen des Menschen, besondere Fähigkeiten oder Eigenschaften zu züchten, etwa eine vornehmlich verschmuste Katze, eine handzahme oder verspielte, sind noch derart jung, dass Hauskatzen ihren wilden Verwandten noch relativ nah sind.

Tatsächlich leben Katzenliebhaber also mit einem Wesen zusammen, das oft nur einen Sprung von der Wildnis entfernt ist.

Und doch verführt die Katze viele Menschen immer wieder dazu, vor ihr in die Knie zu gehen. Sie strecken die Hand nach ihr aus, versuchen sie zu kraulen und die Finger in das weiche Fell zu graben. Manchen überkommt zuweilen der Wunsch, das Tier ganz fest an sich zu drücken, es vor lauter Entzücken in die Wange zu kneifen.

Wie wenige andere Tiere wecken sie den natürlichen Instinkt des Menschen, zu beschützen. Denn wie kleine Kinder besitzen viele Katzenrassen besonders große Augen, ein rundes Gesicht, eine kleine Nase.

Ob sich eine Katze jedoch gern von einem Menschen behüten oder gar streicheln lässt, darüber entscheiden Herkunft und Lebenserfahrung des einzelnen Tieres. Nachweislich sind gerade jene Katzen besonders offen zu ihren Haltern, die von einem zutraulichen Vater abstammen und in ihren ersten zwölf Lebenswochen viel Kontakt zu Menschen hatten. Lebt eine Katze in dieser Zeit aber nur mit Artgenossen zusammen, bleibt sie Menschen gegenüber eher misstrauisch.

Doch auch Tiere, die als Junges nicht an Menschen gewöhnt wurden, können noch verschmuste Familienmitglieder werden. Denn ob eine Katze

Vielsagender Blick

Katzen besitzen eine verblüffende Beobachtungsgabe. Schauen sie einem Artgenossen einmal dabei zu, wie er zum Beispiel eine Tür öffnet, beherrschen sie den Trick anschließend meist selber

Soziale Einzelgänger

Katzen lieben Freiheit und Unabhängigkeit, gehen oft ihren ganz eigenen Weg. Doch sie haben durchaus gesellige Seiten – und suchen zeitweilig die Nähe eines Artgenossen oder ihrer Bezugsperson

Sensibler Charakter

Wie sich eine Katze benimmt, ob sie etwa zu ausgedehnten Streifzügen neigt oder eher auf dem Sofa kuschelt, hängt auch vom Wesen des Menschen ab, der mit ihr den Alltag teilt, von dessen Verhalten und Stimmung

Lautlose Jäger

Über Jahrmillionen haben die kleinen Raubtiere gelernt, unbemerkt eine Beute zu erspähen – und sich ihr geräuschlos zu nähern. Deshalb kommunizieren die Tiere untereinander wenig mit Geräuschen

sich gern streicheln lässt, ist auch abhängig davon, wie sehr sich der Mensch mit seinem Tier beschäftigt.

So stellte Dennis Turner, ein international renommierter Katzenforscher, in einer Studie an 200 Tieren fest: Je häufiger der Mensch auf die Katze eingeht, desto eher erfüllt die umgekehrt die Interaktionswünsche des Menschen. Daher haben oft Frauen einen guten Zugang zu Katzen, denn sie kommunizieren häufiger und zugewandter mit den Tieren.

Wie aber tauscht man sich mit einem Geschöpf aus, das selten Blickkontakt sucht, scheinbar unverständliche Laute von sich gibt und viel zu oft nur hoheitsvoll von der Küchenanrichte zuschaut, wie der Mensch die Futterdose öffnet? Steckt in dem würdevollen, vermeintlich teilnahmslosen Gesichtsausdruck mehr, als wir ahnen?

Während die Körpersprache der Hunde gut erforscht ist, fällt es Verhaltensbiologen ungleich schwerer, die Sprache der Katzen zu entschlüsseln. Denn anders als Hunde sind Katzen bei Experimenten weniger kooperativ und werden schneller nervös. Die Forschung steht daher noch am Anfang.

In einem sind sich Wissenschaftler allerdings einig: Katzen kommunizieren deutlicher, als wir gemeinhin ahnen. So ist etwa die Mimik der Katze gar nicht so ausdruckslos, wie es oft scheint. In einer Studie untersuchten Forscher den Gesichtsausdruck von Katzen mit hochpräzisen Videoaufnahmen sowie einem Codiersystem, in dem die Verhaltensweisen der Tiere kategorisiert wurden. Sie werteten 275 Videoaufnahmen aus und identifizierten drei Gesichtsausdrücke, die auch Laien deutlich erkennen können.

So zeigt sich Furcht offenbar durch häufiges Blinzeln, einen nach links geneigten Kopf und Blick. Eine entspannte Katze dagegen hat den Kopf nach rechts geneigt und betrachtet vorwiegend Objekte rechts von ihr.

Besonders vielseitig sind die Zeichen für Frust: Fauchen, Naselecken, Zungezeigen, ein hängender Kiefer, eine hochgezogene Oberlippe und eine kraus gezogene Nase. Ausdrücke für Freude oder Trauer – im menschlichen Leben sehr existenzielle Gefühle – sucht man im Katzengesicht allerdings vergebens. Warum das so ist, kann noch niemand beantworten.

Dennoch meinen viele Katzenbesitzer, zumindest die Wiedersehensfreude ihrer Vierbeiner zu erkennen – dann nämlich, wenn der Mensch nach Hause kommt und der Stubentiger sogleich um die Beine streicht, als wollte er sagen: „Endlich bist du wieder da."

Wer so denkt, könnte recht haben, denn eines ist sicher: Katzen suchen nur dann Nähe, wenn sie Sicherheit spüren, Vertrauen und – eine Beziehung. Mit jedem Streichen des Kopfes am Bein gibt das Tier seinen Geruch ab und signalisiert: „Du gehörst mir".

Futter, Freiheit, Fürsorge: Katzen wissen, wie sie Menschen dazu bringen, ihre Bedürfnisse zu befriedigen

Streckt es dabei noch den Schwanz in die Höhe, bekundet es Interesse und Freundschaft. Und ein herzhaftes Gähnen zur Begrüßung bedeutet: „Ich bin völlig entspannt."

n

Noch deutlicher und vielfältiger kommunizieren Katzen mit Lauten. Wer mit einer zusammenlebt, kennt die unterschiedlichen Tonlagen: das fordernde Miauen, wenn sie Hunger hat, das tiefe, kurze Maunzen zur Begrüßung, das fragende Mauen, wenn der Mensch das Spielzeug versteckt.

Die schwedische Phonetikerin Susanne Schötz untersucht derzeit, was Katzen ihren Menschen mit Schnurren, Miauen und Maunzen sagen wollen und ob sie ihre Laute gar an die Sprechweise der Menschen anpassen (siehe Interview auf Seite 52).

Untereinander miauen und schnurren Katzen nämlich relativ selten, lediglich eine Katzenmutter und ihre Jungen signalisieren sich durch das gemeinsame Schnurren, dass alles in Ordnung ist. Erwachsene Tiere sind vor allem bei der Partnersuche lautstark.

Katzen, die bei Menschen leben, bewahren sich die Laute ihrer Kindheit offenbar und setzen sie bei ihren Haltern geschickt ein. Besonders auffällig: Wollen Katzen einen Menschen dazu bewegen, das Futter zu servieren, mischen sie ein typisches, bettelndes Miauen in ihr anhaltendes Schnurren.

Dieses Geräusch entspricht der Tonhöhe von Babygeschrei, das die Aufmerksamkeit eines jeden von uns weckt, ganz gleich ob jung oder alt, ob mit oder ohne Kind.

Dies ist ein deutliches Zeichen dafür – so jedenfalls interpretieren es manche Kognitionspsychologen –, dass sich Katzen dem Menschen durchaus angepasst haben, gelernt haben, unsere Art der Kommunikation in gewisser Weise zu imitieren.

Wie lernfähig die Vierbeiner sind, zeigt das Verhalten von Langschwanzkatzen im Amazonas-Regenwald. Sie imitieren die Schreie von Affenbabys und versuchen so, erwachsene Affen anzulocken, zu töten und zu fressen.

Auch Hauskatzen lernen schnell, was sie tun müssen, um ihre wichtigsten Bedürfnisse zu befriedigen: Futter, Freiheit und Fürsorge.

Dabei hilft ihnen ihre präzise Beobachtungsgabe, jahrmillionenlang bei der Jagd geschärft.

Eine Katze muss nur ein einziges Mal beobachten, dass ein Artgenosse auf eine Türklinke springt, die Tür sich auftut und er ins Freie huscht – und

Gegenseitiges Verständnis

Ob eine Katze die Wünsche ihres Menschen erfüllt, hängt auch damit zusammen, wie einfühlsam der Halter mit dem Tier kommuniziert, etwa durch seine Stimme oder durch Berührungen

Mit einem Klick zum Ziel

Sie mögen weniger lernwillig sein als Hunde, doch auch Katzen lassen sich mit speziellem Training einiges beibringen

Um 1900 fand der russische Arzt Iwan Petrowitsch Pawlow heraus, dass Hunden bereits der Speichel im Maul zusammenlief, wenn sie nur Schritte hörten, und nicht erst beim Fressen. Sie hatten gelernt, dass es gleich Futter geben würde. Zahlreiche weitere Experimente bewiesen in den folgenden Jahrzehnten: Das Verhalten vieler Tiere lässt sich gezielt durch die Erwartung von Belohnungen beeinflussen.

Auch das Clickertraining, das sich bei Katzen als erfolgreich erwiesen hat, beruht auf diesem Prinzip. Dabei kann die Katze weitgehend selbstständig durch Versuch, Irrtum und Belohnung ein gewünschtes Verhalten erlernen. Verwendet wird dafür ein kleines Gerät, ein „Clicker", bei dem auf Knopfdruck ein Klickgeräusch ertönt. Es klingt immer gleich und kommt in der Umwelt nicht vor, es ist unverwechselbar und außerdem schnell erzeugt. Aber auch ein Kugelschreiber eignet sich – und ist für empfindliche Katzenohren oft angenehmer.

Neben dem Clicker braucht man nur noch mehrere mundgerechte Leckereien (die die Katze besonders mag und eher selten erhält). Und ein Ziel: Welches Verhalten soll bestärkt werden?

Zunächst muss die Katze lernen, was der Klick bedeutet: eine leckere Belohnung. Dafür nimmt man mehrere Leckerchen in die Hand, setzt sich vor das Tier und versteckt die Hand hinter dem Rücken. Nun wird der Clicker gedrückt und sofort ein Leckerchen gegeben. Beim etwa zehnten Mal hat die Katze begriffen, was der Klick bedeutet.

Im zweiten Schritt lernt das Tier, dass es den Klick – und damit die Belohnung – selbst hervorrufen kann, indem sie ein gewünschtes Verhalten zeigt. Nun wird also nur noch geklickt, wenn die Katze tut, was der Mensch will. Unerwünschtes Verhalten wird ignoriert.

Auf diese Weise lässt sich gewünschtes Verhalten (etwa Kratzen am Kratzbaum) verstärken und unerwünschtes Verhalten (Kratzen am Sofa) verringern. Geklickt und belohnt wird, sobald die Katze den Kratzbaum nutzt; das Kratzen am Sofa sollte – auch wenn es schwerfällt – ignoriert werden.

Mithilfe eines Klickgeräusches kann die Katze gewünschtes Verhalten lernen – etwa bei Intelligenzspielen

Allmählich wird sich die Katze damit an das gewünschte Verhalten gewöhnen.

Aber auch komplexere Verhaltensweisen lassen sich bei Katzen auf diese Weise einüben. Soll sie beispielsweise lernen, auf ein Kommando hin in die Transportbox zu gehen, wird der Weg zum Ziel (Sitzen in der Box) in möglichst viele kleine Schritte unterteilt. Zunächst klickt und belohnt der Halter, wenn die Katze nur an der Transportbox schnuppert. Hat sie den ersten Lernschritt verinnerlicht, steigen die Anforderung.

Geklickt wird dann erst, wenn sich die Katze dem Eingang zur Box nähert. Hat sie das gelernt, bekommt sie das Leckerchen, danach, wenn sie den Kopf durch die Tür der Transportbox steckt – und schließlich, wenn sie erst mit den Vorderbeinen und letztendlich komplett in die Kiste steigt. Sobald die Katze das gewünschte Verhalten mit der Belohnung in Verbindung gebracht hat, wird im letzten Schritt ein Kommando eingeführt, etwa „Komm" oder „Hier rein". Im besten Fall geht die Katze dann allein auf das Kommando in die Box, in der Erwartung eines Leckerchens.

Wichtig ist, dass die Trainingseinheiten in einer ruhigen Umgebung mit viel Geduld und ohne Bestrafung stattfinden, und zwar dann, wenn die Katze guter Stimmung ist und freiwillig auf das Übungsangebot eingeht. Die Einheiten sollten nur ein paar Minuten dauern, aber häufig wiederholt werden.

Der Vorteil des Clickertrainings: Gewünschtes Verhalten kann auch über eine Distanz ohne Zeitverzögerung mit einem Signal verbunden werden, das für die Katze Belohnung bedeutet. Andernfalls liegen Verhalten und Belohnung so weit auseinander, dass sie wie getrennte Ereignisse erscheinen.

Mehr noch: Mit dem Training lässt sich eine Stubenkatze beschäftigen, ihr Selbstbewusstsein steigt, ängstliche Tiere werden oft auch zutraulicher und neugieriger. Und Mensch und Katze können durch das gemeinsame Training ihre Beziehung vertiefen. *Anja Reumschüssel*

Kindchenschema

Kaum ein anderes Tier löst in uns einen solchen Drang aus, es zu beschützen. Denn ähnlich wie kleine Kinder besitzen manche Katzen sehr große Augen, ein rundes Gesicht und eine kleine Nase

schon kann sie das gleiche Kunststück vollbringen. Einer Katze allerdings Tricks beizubringen, sie gar zu Gehorsam zu erziehen ist für den Menschen schwieriger. Denn allzu oft verlangt der Halter von seinem Tier Dinge, die nicht dessen Bedürfnissen entsprechen.

Am besten lässt sich eine Katze dadurch verlocken, dass sie eine Belohnung erwarten kann (siehe Kasten links).

Mit Bestrafungen schlägt man die Felltiere dagegen eher in die Flucht, als sie an sich zu binden. Zu harten Worten, grobem Anfassen oder gar Schlägen sollte sich niemand hinreißen lassen, der eine gute Beziehung zu seinem Stubentiger aufbauen will.

Denn eine Katze verbindet negative Erfahrungen nicht unbedingt mit der Handlung, die sie unterlassen soll, sondern mit dem jeweiligen Menschen, der sie bestraft.

Wird sie allerdings auf frischer Tat beim Zerkratzen des Sofas ertappt und im gleichen Moment mit einem scharfen Nein zurechtgewiesen, kann sie durchaus lernen, das Sofa in Ruhe zu lassen. Doch wird sie nach einer Rüge zunächst etwas Abstand wahren.

Danach aber gilt es, wieder auf das Tier zuzugehen.

Denn die Beziehung, die sich zwischen Katze und Mensch entfalten kann, ist für sie weitaus bedeutsamer, als viele annehmen mögen. Das veranschaulichten Forscher unter anderem mithilfe eines Ventilators. Die Wissenschaftler konfrontierten die vierbeinigen Probanden mit einem Luftverwirbler, an dem kleine Papierschlangen wehten. Zeigte sich ihr Halter verängstigt, entfernte sich in den meisten Fällen auch die Katze von der vermeintlichen Bedrohung.

Wie sich eine Katze benimmt, ob sie launisch wirkt oder ausgeglichen, aggressiv oder schüchtern, kann demnach auch vom Wesen des Menschen abhängen, der mit ihr den Alltag teilt, von dessen Charakter und Stimmung.

Doch mehr noch: Katzen scheinen die Gegenwart von Menschen regelrecht zu genießen. In einer Studie mit Katzen nutzten mehr Tiere die Gelegenheit, gestreichelt zu werden oder mit einem Menschen zu spielen, als einen vollen Futternapf zu leeren.

Wer also regelmäßig Zeit mit seiner Katze verbringt, ihre Wünsche nach Leckereien, Zärtlichkeit und Zerstreuung erfüllt, dem wird die schnurrende Mitbewohnerin treu bleiben und Aufmerksamkeit schenken.

Nur wer das Tier immer wieder ignoriert, gar Tage oder Wochen abwesend ist, der muss damit rechnen, dass auch die Katze sich abweisend gibt, ja geradezu eingeschnappt wirkt.

Da bedarf es dann schon einiger Schmeichelei, um einen solchen Individualisten wieder für sich zu gewinnen. ◂

LESETIPPS

Mircea Pfleiderer
Katzenverhalten: Von der Wildkatze zur Hauskatze
Die in Südafrika forschende Zoologin beschreibt eindrucksvoll, zu welchen körperlichen und geistigen Leistungen Katzen fähig sind – und wie sie sich über verschiedene Signale des Körpers verständigen.
240 Seiten, 29,99 Euro

Desmond Morris
Catwatching: Die Körpersprache der Katzen
Der Zoologe und Verhaltensforscher erklärt unter anderem, warum Katzen schmollen, manchmal das Futter verweigern und was sie mit der Stellung ihrer Ohren signalisieren. *240 Seiten, 10,99 Euro*

Paul Leyhausen
Katzenseele: Wesen und Sozialverhalten
Fundierter und gut verständlicher Überblick zum Thema von einem der Pioniere der Katzenverhaltensforschung.
200 Seiten, 12,99 Euro

Blick von unten

Der litauische Fotograf Andrius Burba hat es zu seiner Spezialität gemacht, Tiere auf Glas zu locken – und so eine ungewöhnliche Perspektive von unten zu eröffnen (hier auf eine Norwegische Waldkatze)

schnurren, murren und miauen

INTERVIEW:
Anja **Reumschüssel**
•
FOTOS:
Andrius **Burba**

Eine Katze maunzt, knurrt und faucht nicht beliebig. Ihre Laute haben Sinn und System. Die Phonetik-Professorin *Susanne Schötz* erklärt, was sie bedeuten – und wie wir uns besser mit den Tieren verständigen können

GEO WISSEN: *Frau Professor Schötz, was bedeutet bei einer Katze ihr „Miau"?*

PROF. DR. SUSANNE SCHÖTZ: Ein Miau ist nicht gleich Miau. Als Phonetikerin bin ich geübt, darauf zu achten, wie etwas klingt. Ich analysiere, auf welche Weise Laute zustande kommen, welche Vokale und welche Konsonanten, mit welcher Melodie, Lautstärke oder Rhythmik. Aber auch jeder Laie, der eine Weile einer Katze lauscht, wird rasch merken: Die Lautäußerungen können sehr unterschiedlich sein. Das Spektrum, in dem sich Katzen ausdrücken, ist größer, als man lange glaubte. Es gibt eine kaum zu überschauende Vielfalt von Variationen, vom klingenden Schnurren bis zum lauten Schreien; manchmal schnattern Katzen, manchmal heulen sie, zuweilen zwitschern sie geradezu. Außerdem variieren sie virtuos die Tonhöhe.

Wie zum Beispiel?

Obwohl Schnurren wahrscheinlich eigentlich stimmlos ist, können wir die Frequenz der regelmäßigen Vibrationen im Kehlkopf messen. Manche Katzen schnurren sehr tief, im Infraschallbereich, den Menschen nicht hören können. Mit einem hellen Miauen erzielen sie eine Höhe von mehr als 1100 Hertz. Zum Vergleich: Menschen sprechen in der Regel im Frequenzbereich zwischen etwa 75 und 5000 Hertz. Mensch wie Katze vermögen also eine Vielfalt von Melodien zu modulieren. Die versuche ich gemeinsam mit zwei Sprachwissenschaftlern zu entschlüsseln.

Sie entschlüsseln Dialoge zwischen Mensch und Katze?

Genau. Denn Katzen kommunizieren mit dem Menschen ja weitaus häufiger und anders, als sie es untereinander tun – und es können sich auch ganz individuelle Kommunikationsstile zwischen einer einzelnen Katze und ihrem Halter entwickeln.

Wie gehen Sie vor?

Wir konzentrieren uns derzeit auf die Lautmelodien, die die Tiere gegenüber ihren Haltern ausstoßen. Dazu beobachten wir die Katzen und ihre Besitzer in ihrer normalen Umgebung, machen Bild- und Tonaufnahmen. Wir sind also dabei, wenn die Katze gefüttert und gestreichelt oder zum Tierarzt gebracht wird. Auf den Aufzeichnungen sehen wir, in welcher Situation die Katze miaut, gurrt oder schnurrt, wir sehen ihre Körperhaltung und können daran erkennen, welche Bedürfnisse sie in diesem Augenblick wohl umtreiben.

Was sind Ihre Erkenntnisse?

Zunächst haben wir untersucht, welche Laute Katzen von sich geben – und können bestätigen, was andere Forscher vermutet haben: Es gibt eine Art universeller Katzensprache. Ihr Vokabular lässt sich in drei Kategorien ordnen:

- Zum einen handelt es sich um Laute, die mit geschlossenem Maul gebildet werden, etwa Schnurren, Gurren oder Murren. Die Laute sind so vielfältig, dass sie in sehr unterschiedlichen Situationen vorkommen.
- Zum anderen geben Katzen Laute von sich, bei denen ihr Maul erst geöffnet, dann geschlossen wird, etwa Miauen, Heulen, Jaulen. Ihre Bedeutung ist sehr verschieden, sie reicht von Unterwürfigkeit bis Liebessehnsucht.
- Und schließlich haben wir Laute untersucht, die mit einem offenen, aber gespannten Maul ausgestoßen werden, etwa Knurren, Grollen, Fauchen oder Schnattern. Katzen erzeugen diese Geräusche als Zeichen von Aggression oder gegenüber Beutetieren.

Welcher Laut ist der freundlichste?

Das Gurren. Es ist ein ziemlich kurzes, auf der Zunge gerolltes Geräusch und wird von Katzen vornehmlich bei freundlicher Annäherung, zur Begrüßung, als Bestätigung oder beim Spielen benutzt. Allerdings gibt es auch das in Variationen: mal als tiefes Grunzen oder Brummen, mal als höheres Trillern. Und nicht selten geht das Gurren in Miauen über, es erklingt also so etwas wie „Brrriu“ oder „Mrrrriu“.

Und was bedeutet das Gurren?

Es erklingt meist, wenn eine Katze einen Freund begrüßt, gleichgültig ob Mensch oder Tier. Man kann es interpretieren als „Hallo“, aber auch als Bestätigung („Danke, ich habe das mitbekommen) oder als freundliche Aufforderung („Komm, spiel mit mir“).

Katzen-Dialekt

Wenn ein Mensch und eine Katze – hier eine Maine-Coon- oder Amerikanische Waldkatze – länger zusammenleben, beginnt das Tier seine Laute individuell zu variieren. Es entwickelt eine Art Dialekt, der nur für diese kleine Gemeinschaft gilt

Was bedeutet Katzengesang, der manchmal zu hören ist?

Es ist einer der Laut-Typen, in denen sich verschiedene Muster vermischen. Wenn die Katze ihren Gesang vorträgt, dann öffnet und schließt sie dabei das Maul immer wieder. Es ähnelt sehr dem menschlichen Kinderweinen und bedeutet manchmal auch etwas Ähnliches: Ich habe Sehnsucht, mir fehlt etwas. Aber Heulen kann auch ein Warnlaut sein, der eingesetzt wird, um einen Eindringling zu verjagen. Vorgetragen wird der Gesang meist von Katern, die ihr Revier verteidigen, aber auch von rolligen Kätzinnen im Frühjahr. Sie versuchen damit, umherstreifende Kater anzulocken.

Vielleicht reagieren wir Menschen oft so sensibel auf Katzengesang, weil er dem Wimmern eines Kindes so ähnlich ist. Wir schrecken auf und müssen hinhören, um zu erkennen, ob ein Kind wimmert – oder eine Katze.

Es gibt viele Bücher über „Katzensprache“. Was halten Sie davon?

Leider existiert bislang wenig wissenschaftliche Forschung zur akustischen Kommunikation zwischen Katze und Mensch. Viele Ratgeber beruhen daher nur auf wenig systematischen, nicht vergleichenden Beobachtungen. Das bedeutet nicht zwangsläufig, dass sie falsch sind. Aber oft bleiben sie nur oberflächlich – oder schreiben den

Tieren vieles aus menschlicher Perspektive zu. Die meisten von uns glauben zum Beispiel, Schnurren bedeute, die Katze fühle sich wohl. Beobachtungen zeigen aber: Katzen schnurren auch, wenn sie verletzt sind oder im Sterben liegen. Schnurren bedeutet also eher so etwas wie „Ich bin keine Gefahr, tu du mir auch nichts" – aber nicht, dass das Tier ganz entspannt ist.

Welche anderen Laute werden falsch verstanden?

Das Brummen, das tiefe Gurren wird oft falsch gedeutet. Statt als Geste zur Begrüßung verstehen einige Menschen es als Signal der Warnung – vielleicht, weil es ein tiefer Laut ist, der aggressivem Knurren etwas ähnelt. Brummen ist aber viel kürzer als Knurren.

Ein solches Missverständnis ist für die Gemeinschaft von Mensch und Katze äußerst ungünstig. Denn es kann der Anfang einer Kette von fehlgeleiteter Kommunikation sein. Erschwerend kommt hinzu: Jedes Katze-Mensch-Paar entwickelt eine eigene Variante der Kommunikation, die für diese beiden funktioniert. Aber nicht für andere.

Eine Art Geheimsprache?

Eher eine Art Dialekt. Denn die Sprache ist ja nicht völlig anders. Es ist eine weitere, individuelle Variation für diese kleine Gemeinschaft. Die Katze lernt etwa: Wenn ich diesen Ton ausstoße, kommt mein Mensch nicht, wenn ich jenen aber variiere, etwas höher oder tiefer, dann ist er sofort da. Menschen neigen dazu, vor allem dann zu reagieren, wenn sie sich einen Reim auf den Ausdruck der Katze machen können, also glauben, sie zu verstehen. Davon wiederum lernt auch das Tier.

Kann man Katzen Wörter der menschlichen Sprache beibringen?

Ja. Viele Katzen kennen wahrscheinlich ihren eigenen Namen und kommen, wenn sie gerufen werden – sofern sie Lust dazu haben. Es gibt auch Universalien, die in Katzenlauten und in menschlicher Sprache das Gleiche bedeuten. Tiefe Tonhöhe und dunkle Stimme heißt oft „Ich bin groß und stark", hingegen besagen hohe Tonhöhe und helle Stimme „Ich bin klein und ungefährlich". Wenn wir eine freundliche Bitte haben, steigt der Ton oft am Satzende. Ich glaube, das verstehen Katzen, und sie nutzen es auch selber. Katzen scheinen unsere Stimmlage und Stimmqualität genau wahrzunehmen.

An einem Fall konnte ich das einmal besonders deutlich erkennen: Eine Katze neigte dazu, eher tief zu bellen, als hell zu miauen. Auf der Videoaufnahme war zu sehen, dass die Halterin bei der Fütterung immer mit sehr dunkler, rauer Stimme sprach. Die Katze hat ihre Laute also lediglich an die der Frau angepasst – vielleicht, um die Bindung zu ihr zu stärken.

Häufig haben Halter das Gefühl, dass die Tiere ihnen etwas sagen. Stimmt dieser Eindruck?

Das kommt darauf an, was man unter Sprache versteht. Natürlich können Katzen keine Wörter bilden. Aber sie benutzen akustische Signale, um Kommunikation mit uns möglich zu machen. Was die Katze jeweils mitteilen will, versteht man besser, wenn man den Kontext betrachtet – und noch besser, wenn man das Tier schon etwas kennt. Wenn ich beschäftigt bin und meine Katzen dringend meine Aufmerksamkeit wollen, gibt mein Kater zum Beispiel oft einen Miau-Laut von sich, der klingt wie „määh". Er hört erst damit auf, wenn ich aufstehe und mich ihm zuwende. Eine meiner Katzen dagegen gibt zu diesem Zweck etwas von sich, das eher wie „mihipip" klingt. Sie haben beide eigene Laute entdeckt, um meine Aufmerksamkeit zu bekommen.

Denken sich die Katzen diese Laute für uns Menschen aus?

So wirkt es manchmal. Katzen leben seit Jahrtausenden in Gemeinschaft mit Menschen und haben dabei gelernt, dass für uns akustische Signale weitaus wichtiger sind als für ihre Artgenossen. Katzen sind Raubtiere und bemühen sich daher von Natur aus, eher still zu sein. Mit Artgenossen kommunizieren sie weitaus mehr mit Blicken, Düften, Kopf- und Körperhaltungen. Untereinander geben sie meist nur leise Laute von sich, gurren zur Begrüßung einer befreundeten Katze, fauchen zur Abwehr einer fremden. Das deutlich vernehmbare „Miau" verwenden erwachsene Katzen fast nur gegenüber uns.

Wie lässt sich die Kommunikation verbessern?

Wenn Sie viel mit Ihrer Katze sprechen, wird das Tier auch viel mit Ihnen kommunizieren. So entwickelt sich automatisch eine gemeinsame Form der Verständigung, die sich aber immer im Rahmen der Lautkategorien bewegt, die allen Katzen gemeinsam sind.

Auch können Sie versuchen, Laute nachzuahmen, wenn Sie es nicht übertreiben. Das mag einem Außenstehenden manchmal seltsam erscheinen, aber viele Katzenbesitzer machen das unwillkürlich. Wer etwa Katzen vertreiben will, kann sie anfauchen – so wie eine Katze es tun würde.

Oder man begrüßt die Katze eben auch mit einem Gurren, wenn sie mit hochgerecktem Schwanz auf einen zukommt. Ob sie einen versteht? Wer weiß. Die freundliche Gesinnung aber wird sie auf jeden Fall spüren.

Für das Miteinander mit einer Katze gilt, was für das Miteinander von Lebewesen generell gilt: Mit Erfahrung, Übung und vor allem mit geduldigem Zuhören können wir lernen, unser Gegenüber besser zu verstehen. ◂

Prof. Dr. Susanne **Schötz**

forscht und lehrt im Bereich Phonetik an der schwedischen Universität Lund. Auf ihrer Webseite meowsic.info/katzenlaute präsentiert sie Aufnahmen von Lauten in verschiedenen Situationen. Ihr Buch »Die geheime Sprache der Katzen« ist kürzlich erschienen, auch als Hörbuch.

geflügelte freunde

Südasiatischer Kämpfer

Sehr alte Züchtung aus Indien, die für ihre Aggressivität geschätzt wird (Black Breasted Red Aseel Large Fowl Cockerel)

Slawische Schönheit

Blaue Füße, goldenes Gefieder, roter Kamm: Diese Rasse wurde in Osteuropa veredelt (Bearded Buff Laced Polish Large Fowl Cock

Heller Schopf

Züchter gaben sich Mühe, ein schwarzes Federkleid mit weißem Kopfschmuck zu erzielen (White Crested Black Polish Cock)

Weicher Flaum

Die nach außen gedrehten Federn dieser Varietät werden *frizzle* genannt, also »gekräuselt« (Bearded White Frizzle Polish)

Lange galten sie nur als Nutztiere. *Doch immer mehr Menschen begeistern sich auch privat für Hühner.* Sie erfreuen sich an der lange Zeit unterschätzten Intelligenz der Federträger, ihrem komplexen Sozialleben – und ihrer farbenprächtigen Vielfalt

Fotos:

Tamara **Staples**

•

Text:

Christina **Hucklenbroich**

Dramatischer Auftritt

Der prächtige Kamm und die kräftigen Fußfedern verleihen dieser Rasse aus Deutschland ein stolzes Aussehen (Golden Neck Belgian Bearded d'Uccle Bantam Cock)

Seidige Anmut

»Silkies« (Seidenhühner) sind beliebt wegen ihres ungewöhnlich weichen, plüschig wirkenden Federkleids. Ihr Ursprung liegt vermutlich in Asien (Bearded White Silk Bantam Pullet)

Britischer Stolz

Gereckt, ja geradezu aristokratisch soll diese Rasse (hier ein Junghuhn) aus Groß-britannien wirken – in Anlehnung an die alte, verbotene Tradition des Hahnenkampfes (Lemon Blue Modern Game Bantam Pullet)

Tamara **Staples**

dokumentiert seit Langem die Vielfalt der Formen, Farben und Ornamenten von Hühnern, die auf Zuchtschauen ausgestellt werden. Es sind vor allem Zwerghühner, spezielle Rassen, die mitunter kompliziert Namen tragen.

Christina **Hucklenbroich**

ist Veterinärmedizinerin und als Journalistin auf Tier-Themen spezialisiert.

Dunkle Pracht

An diesem Tier hat nahezu alles nur eine Farbe: Federn, Schnabel, Füße und Haut sind schwarz – und sogar das Fleisch (Bearded Black Silkie Bantam Hen)

Chinesischer Schweif

Prachtvolle Schwanzfedern zieren diesen Hahn. Die Körperlinie soll möglichst ein perfektes U formen (Black Langshan Cockerel)

Italienische Haube

Seit gut 500 Jahren gibt es diese Rasse, auch »Paduaner« genannt (Bearded Buff Laced Polish Large Fowl Hen)

Friedlicher Krieger

Hühner, die aus Hahnenkampfrassen hervorgegangen sind, eigne sich besonders für Privatgärten: Sie scharren weniger als andere (Silver Duckwing Modern Game Large Fowl Hen)

Weiche Tracht

Über und über ist diese Züchtung aus Osteuropa von zarten Federn bedeckt – bis hin zum helmartigen Kopfputz (Bearded Buff Laced Polish Frizzle Bantam Hen)

Exotischer Gigant

Die kräftigen »Brahmas« gelangten vermut-lich einst aus Indier in die USA, wo sie in vielen Varianten gezüchtet wurden – unte anderem zum Verzehr (Light Brahma Bantam Cockerel)

e

Ein Stall, gestaltet vom Designer. Duftendes Zimtöl gegen Parasiten im Gefieder. Eine Garantie auf Gnadenbrot im Alter: Manche Hühner in deutschen Großstädten führen kein schlechtes Leben. Seit einigen Jahren häufen sich Berichte über Hühner in Privatgärten und auf begrünten Dächern – und erwecken den Eindruck, die Vögel seien inzwischen in nicht wenigen deutschen Familien beliebter als Hund und Katze.

Dass sich der Trend noch nicht statistisch messbar niederschlägt, liegt vor allem daran, dass Hühnerhalter ihre Tiere oft nicht wie vorgeschrieben registrieren lassen, wohl auch aus Unkenntnis. Denn wer Hühner halten möchte, der sollte einiges wissen, sich mindestens in einem der inzwischen vielfältigen Ratgeber Hilfe holen.

Doch viele schreckt das nicht ab. Was also macht den Wunsch aus, eigene Hühner im Garten zu halten? Warum hegen ihn immer mehr Menschen? Oder besser: Wie ist er zurückgekehrt?

Schließlich ist das Haushuhn noch bis zum Zweiten Weltkrieg und auch darüber hinaus vielerorts in kleinen Beständen zur Selbstversorgung gehalten worden. Die großen Lege- und Mastbetriebe entwickelten sich in Deutschland erst ab den 1950er Jahren.

Das Worldwatch Institute in Washington, das Prinzipien der Nachhaltigkeit erforscht, verortet die neu entstandene Lust am Gartenhuhn in der Urban-Farming-Bewegung. Demnach bringt die Sehnsucht nach Unabhängigkeit von der Lebensmittelindustrie Städter dazu, nicht nur Gurken und Kohl anzubauen, sondern sich auch um Hühner zu kümmern.

Viele Halter schätzen ihre Hühner als Schädlingsvertilger und Düngerlieferanten im Garten – und ja, gelegentlich auch für deren Fleisch.

Forscher warnen indes: Scharrende und pickende Hühner nehmen auch Schadstoffe wie Dioxin und Blei aus dem Boden auf, die dann womöglich in ihren Eiern landen. In manchen Stadthühnern haben Gesundheitsbehörden beispielsweise häufiger und mehr Blei gefunden als in Eiern aus dem Handel.

In vielen Fällen ist das Verhältnis zwischen Huhn und Halter aber ohnehin schon so eng, dass die Eier nicht mehr im Mittelpunkt stehen.

Dann allerdings verschwimmt die Grenze zwischen Nutz- und Heimtier – und das hat per Gesetz einige Folgen. Wenn etwa ein Tierarzt einem Haustier-Huhn bestimmte Medikamente verabreicht, dürfen die Eier dann eine Zeit lang nicht mehr gegessen werden, weil sie Rückstände der Arzneien enthalten können.

Auch müssen Hobby-Hühnerhalter ihre Schützlinge – genau wie jeder Landwirt – beim Veterinäramt und bei der Tierseuchenkasse anmelden, müssen sie impfen lassen und einige Kenntnisse über Hygiene und Krankheitserreger haben.

So sollte etwa jeder, der mit den Federtieren engen Kontakt hat, sich anschließend die Hände reinigen, um beispielsweise Salmonellen oder Campylobacter-Bakterien zu entfernen.

Diese mikroskopisch kleinen Lebewesen siedeln sich oft auf Hühnern oder in deren Umgebung an – und häufig sind sie Auslöser von Verdauungsproblemen, verursachen beispielsweise krampfartige Bauchschmerzen, Darmentzündungen, Kopfschmerzen, Übelkeit und wässrigen Durchfall. Das US-Zentrum für Seuchenbekämpfung warnte daher unlängst gar vor einem zunehmenden Gesundheitsrisiko, das von „Kuschelhühnern" ausgehe.

Doch bemerken viele Menschen durch den engen Kontakt eben auch, dass Hühner weit intelligenter sind als lange gedacht. Das konnten Verhaltensforscher in den letzten Jahren in vielfältigen Studien nachweisen.

Die Vögel vermögen zum Beispiel Formen, Farben und Symbole zu unterscheiden. Auch vollführen sie zuweilen listige Täuschungsmanöver gegenüber Artgenossen – etwa wenn ein paarungswilliger Hahn die Hennen mit vorgetäuschten Futterrufen zu sich lockt –, verfügen über ein großes Repertoire unterschiedlicher Laute sowie eine Art von Mitgefühl und treffen Entscheidungen aufgrund von Erfahrungen.

Das Huhn, bei vielen zu Unrecht als schlicht oder einfältig verschrien, kann also durchaus ein Gefährte sein, der im Garten immer wieder für neue, überraschende Erlebnisse sorgt.

Und wer sich nicht gleich selbst welche anschaffen möchte: Inzwischen gibt es vielfältige Angebote, die Patenschaft für ein Huhn auf einem Bauernhof zu übernehmen. ◂

LESETIPPS

Joseph Barber
Das Huhn: Geschichte, Biologie, Rassen
Ein aufwendig gestaltetes, opulent bebildertes Grundlagenbuch.
224 Seiten, 29,90 Euro

Roland Wiedemann
Aufs Huhn gekommen: Von glücklichen Hühnern und eigenen Bio-Eiern
Dieser Ratgeber bietet alle Informationen für die Hühnerhaltung im eigenen Garten.
224 Seiten, 16,99 Euro

Marlies Busch
Chicks in the City: Hühner halten in der Stadt
Die Autorin erklärt, wie man Hühnern auch in der Stadt eine gute Umgebung schaffen kann, und stellt verschiedene Projekte vor.
128 Seiten, 24,90 Euro

TEXT:

Eva **Tenzer**

•

FOTOS:

Carli **Davidson**

der will nur spielen!

Kaum etwas begeistert Hunde und Katzen so sehr wie gemeinsames Toben und Tollen. Der vergnügte Zeitvertreib mit Haustieren ist unverzichtbar für deren *körperliche und seelische Gesundheit* – und fördert ihr Vertrauen und ihre Bindung zum Menschen

Lernen für das Leben

Im Spiel entdecken Tiere wie dieser Border-Collie-Mischling ihre Fähigkeiten, schulen Verhaltensweisen und erkunden ihre Umwelt. Insbesondere Jungtiere sind auf spielerische Zuwendung angewiesen – die Lust am Bällejagen und anderen Aktivitäten bleibt aber oft bis ins höhere Alter erhalten

Die Natur verschwendet nichts. Zeit und Energie sind kostbar im Überlebenskampf. Wer nicht effizient ist, verliert. Das ist ein Grundprinzip in der Stammesgeschichte aller Lebewesen.

Doch manchmal scheint sich die Natur um ihre Grundsätze nicht zu scheren. Wer Tiere eine Weile beobachtet, merkt schnell: Häufig verhalten sie sich so, als hätten sie alle Zeit und Kraft der Welt. Sie scheinen einem Trieb zu folgen, der auf den ersten Blick gänzlich sinnlos wirkt – dem Drang, ohne erkennbaren Grund zu laufen und zu rollen, zu jagen und zu tollen.

Kurz: zu spielen.

Die Regeln der Evolution scheinen dann nicht mehr zu gelten. Doch woher rührt diese Lust am augenscheinlich zweckfreien Verhalten?

Welcher Sinn könnte sich dahinter verbergen? Welche Funktion hat sie? Und wie beeinflusst sie die Beziehung zwischen Tier und Mensch?

All das sind Fragen, denen Psychologen und Biologen auf den Grund gehen. Und sie haben herausgefunden, dass der Spieltrieb zum Leben gehörte, lange bevor *Homo sapiens* die Welt eroberte.

Das Spielen ist vielen Spezies quasi in Nest und Höhle gelegt. Kätzchen jagen unermüdlich einem Bindfaden hinterher, junge Raben rutschen rücklings verschneite Hänge hinab, Fohlen springen ausgelassen auf einer Koppel umher, heranwachsende Kraken experimentieren mit Legosteinen.

Auch als Erwachsene zeigen viele Arten noch spielerisches Verhalten. Im Durchschnitt verbringen Säuger je nach Spezies zwischen ein und zehn Prozent ihrer wachen Zeit damit. Und das, so hat es den Anschein, nur aus einem Grund: um Spaß zu haben.

Sowohl das Spielen mit Objekten als auch das soziale Spielen mit Artgenossen ist etwa für Hunde zweifelsfrei ein Vergnügen, so Marc Bekoff. Der US-Biologe erforscht seit vielen Jahren das Verhalten von Hunden und hat dabei beobachtet: Ihr Toben und Tollen erfüllt vielfältige Funktionen.

Im Spiel schulen sie Verhaltensweisen, erkunden die Fähigkeiten des eigenen Körpers, die Eigenschaften ihrer Umwelt sowie der Mitlebewesen. Sie trainieren Geschicklichkeit, lernen mit Konflikten umzugehen, sich kooperativ zu zeigen und auf Überraschungen zu reagieren.

All das fördert die Fähigkeit, sich anpassen zu können, Veränderungen wahrzunehmen und sich angemessen zu verhalten – Eigenschaften, die für jedes Lebewesen unerlässlich sind.

Spiel ist auch für ein Haustier nicht nur Zeitvertreib oder Bewegungstraining, sondern wichtige Voraussetzung dafür, sich psychisch wie körperlich gut zu entwickeln und vital zu bleiben.

Doch es ist nicht damit getan, seinem tierischen Mitbewohner einen Ball, ein Laufrad oder einen Kratzbaum zur Verfügung zu stellen. Ein gutes Spiel erfordert Aufmerksamkeit, Kreativität, Abwechslung. Und manches Mal auch Ausdauer.

Vor allem Tiere, die viel Zeit in Häusern oder Wohnungen verbringen, brauchen abwechslungsreiche Möglichkeiten zum Spiel. Andernfalls zeigen manche rasch ein unerwünschtes Verhalten, zerkratzen Möbel, benagen Kleidungsstücke, zerbeißen Gardinen.

Vor allem Katzen, die nicht vielfältig und häufig zum Spiel angeregt werden, können darunter leiden, sagt Christine Hauschild. Die Tierpsychologin aus Hamburg trifft in ihrer Praxis immer wieder auf Katzen, die ihren Besitzern durch übermäßiges Miauen, Apathie, Ängstlichkeit oder Aggressivität auffallen. Abwechslungsreiches Spiel kann solchen Verhaltensproblemen vorbeugen – und sie lindern.

Da Haustiere oft nicht mit Artgenossen leben und spielen können, sind sie darauf angewiesen, dass der Mensch die Rolle des Mitspielers übernimmt.

Dabei gilt es vor allem das Alter des Tieres zu beachten. Denn wie beim Menschen hat das Spiel auch im Verlauf der Entwicklung eines Tieres unterschiedliche Bedeutung und sollte entsprechend gestaltet sein.

Am meisten sind Tiere in den ersten Lebensmonaten auf spielerische Zuwendung angewiesen. Denn ihr Gehirn entwickelt sich rasant. Bei Versuchen mit jungen Katzen stellte der US-Verhaltensbiologe John Byers fest, dass die Tiere genau dann am intensivsten umhertollen, wenn sich die Nervenzellen im Kleinhirn verknüpfen – jener Hirnregion, in der Körperbewegungen gesteuert werden: also auch Pirschen, Schleichen, Rennen und Springen.

Das zeigt, dass Spiel und Hirnentwicklung in engem Zusammenhang stehen, sich gegenseitig beeinflussen. Denn das Denkorgan ist ja bei der Geburt noch längst nicht voll entwickelt. Lange noch formen sich Nervenzellen – Zeit genug also, sie durch das Spielen nachhaltig zu prägen.

Eva **Tenzer**

Die Oldenburger Autorin schreibt vorwiegend über psychologische Themen.

Carli **Davidson**

Die US-Fotografin arbeitete früher in Wildparks und ist eine erfahrene Tiertrainerin.

Die
einfachsten
Spielgeräte

bereiten häufig

das größte
Vergnügen

Spaß im Team

Nicht nur das Tier profitiert vom gemeinsamen Spiel: Der Mensch lernt, das Verhalten seines Gefährten besser zu verstehen und sein Wesen besser zu deuten

Im höheren Alter sind die Tiere nicht mehr derart auf Anregung angewiesen. Doch die Lust daran bleibt. Vor allem ihr Drang zu jagen, zu schnappen, zu tollen sollte ein Leben lang gefördert werden.

Neben das spielerische Jagen, so raten Experten, sollte dann auch das erzieherische Lernen treten. Denn das erwachsene Tier ist auf Anspruchsvolleres angewiesen als das junge – auf das Erlernen von akrobatischen Kunststücken etwa, auf Denk-, Such- oder Gedächtnisaufgaben.

Zum Beispiel fordern Spielzeuge wie ein spezielles Brett mit einem Labyrinth darauf den Spürsinn der Tiere heraus, wenn sie ihr Futter darin suchen müssen. Und mit dem „Clickertraining“ lernen Hunde und Katzen Tricks wie Pfötchen zu geben, zu apportieren, durch einen Reifen zu springen oder auf den eigenen Namen zu reagieren (siehe Seite 50).

Dabei sollte nicht vergessen werden, wie groß die Vielfalt der Sinneswahrnehmungen ist. Riechen und Hören, Schmecken, Tasten und Sehen: All das lässt sich in ein kreatives Spiel einbinden.

Wer für eine Katze etwas Wohlriechendes – ein Minzsäckchen oder Baldriankissen – in der Wohnung versteckt, regt zum Beispiel ihren natürlichen Drang an, Dunkles, Enges zu erforschen. Und mit knisternder Folie

Haustiere, die zu selten toben, entwickeln oft Verhaltensprobleme

oder raschelndem Papier lassen sich ohne viel Aufwand große Abenteuer selbst gestalten.

Zudem ist das Spiel einer der besten Wege, um die Bindung zum Tier zu stärken, um eine Beziehung aufzubauen, zu erhalten, zu vertiefen. Denn nicht nur der tierische Freund profitiert. Auch die Halter lernen, das Verhalten ihres Mitgeschöpfes besser zu verstehen, sein Wesen zu deuten – und können selbst tiefe Freude empfinden.

Wer mit seinem Hund spielen möchte, kann aus einem großen Angebot wählen: von Frisbee-Scheiben über Fährtensuch-Material (mit Duftproben) bis zum Strategiespiel „Dog Activity Memory Trainer“ – einem Futtercontainer, der Leckerli auswirft, sobald der Vierbeiner eine Geschicklichkeits- oder Gedächtnisaufgabe gelöst hat.

Und auch für Katzen fehlt es nicht an Attraktionen von Spielzeugherstellern, darunter automatisch gesteuerte Türme, die ein Lasersignal zum Fangen über den Boden schicken; oder mit verlockender Katzenminze gefüllte Plüschtiere; oder raffiniert gestaltete Kletterbäume.

Vieles davon ist teuer, wenig ist wirklich notwendig. Denn wichtig ist nicht, welche Hilfsmittel wir verwenden, sondern dass wir überhaupt mit unseren Tieren spielen – und dafür ein wenig Geduld, Fantasie und ja, auch eigene Spielfreude aufbringen.

H

Häufig reichen dafür schon einfache Dinge. Für Wellensittiche beispielsweise Glöckchen, Spiegel und ein Ball, der sich umherrollen – und auch mal von einer Tischkante stürzen lässt.

Für Katzen tun es Papier, Schnürsenkel, Stöckchen mit Band und Feder.

Und in der Spielkiste eines Hundes sollten ein Tau und ein Ball liegen sowie ein paar Hütchen für einen Parcours und ein einfaches Dummy-Säckchen als Beuteattrappe für Bringspiele.

Neugier ausleben

Erwachsene Haustiere benötigen anspruchsvollere Aktivitäten als junge: etwa das Erlernen akrobatischer Kunststücke sowie Suchspiele oder Gedächtnisaufgaben. Dabei sollte jedoch in allen Fällen das Vergnügen von Hund oder Katze im Vordergrund stehen – und nicht eine vom Menschen erwünschte Leistung

Vorlieben entdecken

Nicht jedem fällt das Spiel mit Hund oder Katze intuitiv leicht. Gute Partner beobachten zunächst, woran das Tier (hier ein Schnürenpudel) Freude hat – und versuchen, sich daran anzupassen

Wer mag, kann auch noch eine Socke dazulegen. Denn die riecht nach uns und ist allein deshalb beim Hund begehrt. Und man kann sie suchen lassen oder gemeinsam daran zerren.

Wer seinen Tieren immer neue, ausgefeilte Spielzeuge bietet, läuft dagegen Gefahr, sie zu überfordern: Manche Katze macht etwa ein rasselndes Ding eher ängstlich als neugierig.

V

Vermeiden sollte man zudem Ungeduld. Oft gilt es erst einmal zu warten und das Tier das Tempo vorgeben zu lassen: Vielleicht will es im Spiel auch mal ausgiebig lauern und beobachten, schnuppern, trödeln oder markieren.

Und schließlich braucht das Spiel mit Tieren: Übung. Nur wenigen Menschen fällt dies intuitiv leicht. Ein Grund: Die meisten Tiere sind weitaus schneller und beweglicher als wir – und verhalten sich zunächst oft anders, als es ein menschliches Gegenüber tun würde. Deshalb gilt die Empfehlung: Zunächst beobachten, woran das Tier Freude zu haben scheint – und dann versuchen, sich selbst daran anzupassen.

Wer allzu sehr seine Interessen in den Vordergrund stellt, verwandelt das Spiel in absichtsvolles Training, etwa für Apportieren. Auch das ist in der Beziehung oft unerlässlich. Doch dient es eben einem anderen Zweck: dem gezielten Erlernen eines vom Menschen erwünschten Verhaltens. Dann verknüpft sich das Spiel mit Leistung, und das Tier wird – im Extremfall – womöglich gar zu einer Art Sportgerät.

So kann es etwa beim weltweit beliebtesten Hundesport passieren, dem „Agility-Training". Die Vierbeiner bewältigen dabei einen Parcours aus verschiedenen Geräten: Sie springen über Hürden, kriechen durch Tunnel, laufen im Slalom um Hindernisse – immer einem Ziel entgegen.

Die Reihenfolge variiert jedes Mal, damit es nicht langweilig wird und der Hund lernt, aufmerksam auf die Signale und Körpersprache seines menschlichen Begleiters zu achten.

Gehen die Hundebesitzer aber allzu ambitioniert an den Wettkampf heran, besteht die Gefahr, dass das Tier überfordert wird, sich gar verletzt. Rund 30 Prozent der Vierbeiner tragen im Hürdenparcours Blessuren davon.

Katja Söhnel, Biomechanikerin an der Universität Jena, beobachtet Hunde beim Hindernissprung mit Hochgeschwindigkeitskameras, die eine Bewegung mit 800 Bildern pro Sekunde erfassen. Zeitgleich zeichnen besondere Messplatten das Aufprallen der Vorderbeine bei der Landung auf. Spezielle Software errechnet aus den kombinierten Daten die Kräfte, die bei dieser Belastung auf Gelenke, Sehnen, Bänder und Muskeln einwirken.

Die ersten Ergebnisse deuten darauf hin: Hürdensport fordert bei falsch verstandenem Ehrgeiz den Tieren oft zu viel ab. Und das Spiel verliert dabei allzu rasch sein wesentliches Merkmal: das Spielerische.

Sobald wir das vergessen, steht nur noch der Mensch im Mittelpunkt, sein Wille zur Leistung, zum Wettkampf, zum Sieg. Nicht mehr das Tier. ◂

LESETIPPS

Sabine Ruthenfranz
Spielekiste für Katzen: 8 Spielzeuge, 50 Spielideen
Ein alltagsnaher Ratgeber, den es entsprechend auch für Hunde gibt.
96 Seiten, 9,99 Euro

Mechthild Käufer, Udo Gansloßer
Auszeit auf Augenhöhe
Umfassender, kompetenter Überblick über die vielfältigen Möglichkeiten, mit Hunden zu spielen.
240 Seiten, 29,99 Euro

Gordon Burghardt
The Genesis of Animal Play
Englischsprachiges Kompendium der Erforschung tierischen Spielverhaltens. Wissenschaftlich gehalten, aber auch sehr informativ.
520 Seiten, 45,99 Euro

Sozialer Verstand

Eine der treibenden Kräfte für die Intelligenz einer Spezies ist deren Hang zur Geselligkeit: Paviane leben in komplexen sozialen Gruppen. Um sich dort zu behaupten, Freund und Feind zu erkennen, Partner zu finden, müssen die Primaten planen und sich verständigen. All das setzt ein hoch entwickeltes Gehirn voraus

der blick in die seele

Text:

Katharina
von Ruschkowski

•

Fotos:

Alexander
von Reiswitz

Was geht im Kopf eines Hundes, einer Katze, eines Affen vor? Haben Tiere eine Persönlichkeit? Sind sie sich ihrer selbst bewusst? Immer mehr finden Forscher über die erstaunlichen Fähigkeiten unserer Mitgeschöpfe heraus – und immer mehr setzt sich eine Erkenntnis durch: Tiere sind uns weitaus ähnlicher, als wir lange Zeit dachten. Welche Folgen hat diese Erkenntnis?

Es ist erst wenige Jahrzehnte her, dass der Mensch im Tier vor allem eine Kreatur zweiter Klasse sah, ohne Verstand und Seele. Und es daher – fast bedenkenlos – verzehrte.

Inzwischen aber hat sich das Bild radikal gewandelt. Heute ist vielerorts von Mitgeschöpfen die Rede, wenn es um Tiere geht, von Freunden und Gefährten. Haustierhalter geben immer mehr Geld für ihre Schützlinge aus. Deren Nahrung ist der menschlichen zuweilen zum Verwechseln ähnlich – vom laktosereduzierten Joghurt bis zu handgerollten Chicken-Wraps für Katzen und Hunde. Und manche Wissenschaftler benennen die von ihnen beobachteten Tiere in ihren Publikationen inzwischen als „Mitautoren“.

Eine fundamentale Wende ist im Gange, die die Grenzen zwischen dem Menschen und anderen Lebewesen ins Wanken bringt. Experten sprechen schon von einer Revolution im Verhältnis zwischen *Homo sapiens* und Tier.

Die Veränderung zeichnet sich vor allem an den Universitäten und anderen Bildungsstätten ab: An vielen Orten weltweit entstehen Institute, Zentren und Forschungsnetzwerke zu „Human-Animal Studies“ oder „Anthro-Zoologie“. Kaum eine Woche vergeht, in der nicht eine Publikation erscheint, die das Seelenleben oder gar die Persönlichkeit einer Tierart beleuchtet. Die Themen füllen Vortragssäle auf internationalen Konferenzen.

Dabei war dieser besondere Blick auf das Tier lange Zeit nicht erwünscht: Als etwa die legendäre Primatenforscherin Jane Goodall Anfang der 1960er Jahre begann, ihren Schimpansen Namen statt Nummern zu geben, und berichtete, dass jedes der von ihr beobachteten Tiere einen eigenen Charakter habe, wurde sie von ihren Kollegen kaum ernst genommen.

Die Zeitenwende lässt sich auch daran ablesen, womit die Menschen sich beschäftigen. So wurde das Buch „Das Seelenleben der Tiere“ zu einem Großerfolg – ein populärwissenschaftliches Werk, in dem der Förster Peter Wohlleben sittsame Doggen und durchtriebene Hähne beschreibt. Noch vor ein paar Jahren hätte ein solches Buch, das Tieren menschliche Züge verleiht, allenfalls in den Abseiten der Buchhandlungen gelegen und nicht auf den Bestsellertischen.

Was hat die Menschen dazu gebracht, anzuerkennen, dass uns mit Krake, Katze und Kaninchen weitaus mehr verbindet als trennt? Wissenschaftler geben auf diese Frage vor allem zwei Antworten:

• Zum einen fügt sich diese Wende ein in das Streben nach Emanzipation, das westliche Gesellschaften prägt. Viele Menschen kämpfen gegen Rassismus und Sexismus; nun ist es offenbar an der Zeit, den „Speziesismus“ zu überwinden – also die Diskriminierung eines Geschöpfes wegen seiner Zugehörigkeit zu einer anderen Art.

• Zum anderen wissen wir heute weitaus mehr über Tiere. Vor allem Verhaltens- und Neurowissenschaftler haben in den vergangenen Jahrzehnten enorme Fortschritte gemacht. Nach und nach haben sie bei Tieren verschiedenster Arten Fähig- und Fertigkeiten entdeckt, die einst als Alleinstellungsmerkmale des Menschen galten, etwa Denkvermögen, Gefühlsleben, Sprache.

Neuere Erkenntnisse gehen sogar noch weiter: Danach besitzen viele Tiere auch die Fähigkeit zu bewusstem Handeln und eine jeweils ureigene Persönlichkeit – so wie wir.

Auf welchen Beobachtungen beruhen jene Annahmen, die unseren Blick auf Tiere fundamental verändern?

Und vor allem: Was folgt daraus?

I.

Wie **intelligent** *sind Tiere?*

Lange Zeit galten Tiere als hirnlose Automaten. Der französische Philosoph René Descartes etwa vermutete um 1640 in ihrem Inneren eine Art Mechanik statt einer „vernünftigen Seele“ und verglich ihre Laute darum mit dem Quietschen ungeölter Apparate.

Und noch vor rund 100 Jahren sahen viele Forscher jedes Tier vor al-

Katharina von **Ruschkowski**

arbeitet als Wissenschaftsautorin in Nieheim bei Detmold.

Alexander **von Reiswitz**

näherte sich für sein Projekt »Animal Stars« den Tieren mit viel Geduld – und ohne Teleobjelktiv

lem einem äußerlich bestimmten Schema von Reiz und Reaktion ausgeliefert. Genetisch fixierte, angeborene Verhaltensweisen sowie kognitive Prozesse wurden hierbei weitgehend außer Acht gelassen. Demnach funktionieren Tiere meist sehr berechenbar: Auf Futter folgt Zufriedenheit, auf Schläge Gehorsam.

Schlauer Jäger

Oft erscheinen Räuber wie Tiger, Wölfe oder Füchse ihrer Beute, zum Beispiel Antilopen oder Mäusen, an Intelligenz überlegen. Und mitunter ist der geistige Vorsprung auch notwendig, denn nur wer erahnt, wohin sein Opfer flüchtet, kann ihm bisweilen zuvorkommen

Eine derart einseitige Denkweise scheint zwar überwunden – und wirkt doch bis in die Gegenwart hinein: Vor deutschen Gerichten etwa werden Tiere oft noch wie ein Objekt verhandelt.

Dabei käme heutzutage kaum ein Forscher mehr auf die Idee, Tieren (zumindest den höher entwickelten) jede Intelligenz abzusprechen. Viele Spezies aus dem Reich der Fauna können auf Probleme reagieren und sie individuell lösen, sie agieren absichtsvoll und zielgerichtet – alles Handlungen, die Forscher mit Intelligenz verbinden.

Mannigfach sind die Beobachtungen überlegten Agierens: etwa bei Kapuzineräffchen, die absichtlich eine Art falschen Alarm vor Feinden auslösen, um dann ungestört von Artgenossen Futter zu verspeisen. Oder bei Kraken, die sich schützende Behausungen aus Kokosnussschalen bauen. Oder bei Krähen, die Drähte zu Haken biegen, um damit Futter zu angeln – solches Herstellen von Werkzeug ist eindeutig ein Zeichen höherer Intelligenz, wie wir Menschen sie definieren.

Vielleicht ist das die wichtigste Erkenntnis vergangener Jahre: Nicht nur Primaten und hoch entwickelte Säugetiere sind in der Lage, absichtsvoll zu handeln, sondern auch wirbellose Tiere und viele Vögel. Und das, obwohl diese beiden Tiergruppen anders als Säuger keine Großhirnrinde besitzen, die Forscher als Sitz der Intelligenz bei uns Menschen ansehen.

Inzwischen ist es erwiesen, dass sich die Geistesstärke von Tierarten je nach Lebensumständen im Laufe der Evolution auf vielen Wegen entwickelt hat. Und dass dabei vielfältige Hirngrößen und -strukturen entstanden sind.

Die jüngeren Ergebnisse der Intelligenzforschung lassen sich dabei auf eine äußerst einfache Formel bringen: Geselligkeit und Abwechslung machen schlau. Denn um sich in komplexen sozialen Gruppen zu behaupten, müssen Krähen, Elefanten oder Delfine ihre Reviere, Freunde und Feinde kennen, sie müssen Partner gewinnen, kooperieren. All das ließ über die Jahrmillionen ein hoch entwickeltes Gehirn heranreifen, das zu Planung, Verführung, Verständnis fähig ist. Wie das des Menschen.

Gibt es einen Grund, daran zu zweifeln, dass ein Elefant, **der glücklich wirkt**, auch glücklich ist?

Gefühlvolles Wesen

Zwar wird man niemals mit Sicherheit sagen können, was genau **ein Gepard fühlt**. Und doch bilden sich die Emotionen bei Mensch und Tier vermutlich recht ähnlich: So wird etwa Wut bei Katze und *Homo sapiens* im gleichen Hirnareal erzeugt

Selbstbewusster Blick

Tests zeigen, dass sich Elefanten im Spiegel wiedererkennen: Dies gilt als Beweis dafür, dass die Dickhäuter ein Bewusstsein ihrer selbst haben. Auch Schimpansen, Delfine, Schweine und Rabenvögel bestehen den Spiegeltest

Beachtliche Denkleistungen entwickeln sich aber eben auch, wenn sich ein Tier wie der Krake über Generationen in neuen, immer unterschiedlichen Umgebungen zurechtfinden und dabei vielerlei Bewegungen steuern muss.

Jede Tierart hat offenbar genau jene Form der Intelligenz entwickelt, die sie zum Überleben braucht. Daher sei es Hochmut, so der US-Biologe Carl Safina, die menschliche Geisteskraft über alles zu stellen. Und damit zum Maß der Dinge zu machen.

Allein in stockfinsterer Nacht, kämen wir mit unserer Vernunft auch nicht weit. Tiere seien darum nicht mehr oder weniger intelligent als wir, sondern einfach: anders schlau.

II.

Was **fühlen** *Tiere?*

Kluges Verhalten lässt sich noch vergleichsweise leicht beobachten – doch was genau geht in den Köpfen von Tieren vor? Was spüren sie? Der US-Philosoph Thomas Nagel schrieb bereits 1974, als noch weitgehend jeder Versuch, sich in Tiere einzufühlen, in der Naturwissenschaft als unlauter und unwissenschaftlich verspottet wurde, einen inzwischen berühmten Aufsatz zu diesen Fragen.

Er formulierte das Grundproblem bereits in der Überschrift: „Wie ist es, eine Fledermaus zu sein?“ Die Antwort: Wir können es nicht wissen. Wir wissen nur, dass es für einen Menschen auf die Dauer ein grausiger Zustand wäre, kopfüber in nasskalten Höhlen zu hängen.

Noch immer vermeiden Verhaltensforscher es, Tiere zu vermenschlichen, eigene Empfindungen auf Geschöpfe anderer Art zu übertragen. Längst aber sind Gegenstimmen laut geworden: Man solle bei aller Vorsicht nicht übersehen, was allzu augenfällig ist.

„Gibt es einen Grund zu zweifeln, dass ein Elefant, der glücklich wirkt, auch glücklich ist?“, fragt Carl Safina. Und bemerkt: „Die Arten unterscheiden sich – sind aber gar nicht so unterschiedlich.“

Tatsächlich bilden sich Gefühle von Mensch und vielen Tieren wohl auf vergleichbare Weise. So wird Wut bei Katze und Mensch in dem gleichen Hirnareal generiert. Zwanghaftes Verhalten lässt sich bei Hund und Mensch auf ähnliche Veränderungen von bestimmten Strukturen im Gehirn zurückführen. Die Gehirne angriffslustiger Honigbienen und Abenteuer suchender Menschen schütten die gleichen Hormone aus. Und der Zustand ängstlicher Langusten lässt sich mit Antidepressiva verbessern, die eigentlich für den Menschen bestimmt sind – kaum ist das Mittel verabreicht, verhalten sich die Tiere wieder normal und erkunden neugierig ihre Umwelt.

Wenn die biologischen Grundlagen der Gefühle bei vielen Arten aber so ähnlich sind: Warum sollten Tiere dann nicht auch uns vertraute Seelenregungen verspüren?

Zumal sich dies mit den Beobachtungen etlicher Forscher deckt. Biologen berichten etwa von weiblichen Elefanten und Bisons, die ihr Junges verloren haben und so wirken, als trauerten sie. Tagelang bewachen sie ihr verstorbenes Baby, dann folgen sie der Herde nur in weitem Abstand.

Ziegenmütter knirschen kurz vor der Geburt mit den Zähnen, gerade so wie manche Menschen, die Schmerz empfinden. Und kein Hundebesitzer zweifelt wohl daran, dass sein Schützling Wohlbehagen empfindet, wenn er gekrault und gestreichelt wird.

Am Ende, so notiert der Philosoph Richard David Precht in seinem Buch „Tiere denken", sei es jedoch unerheblich, ob Tiere genau gleich oder doch anders empfinden als wir. Wichtig sei vielmehr, endlich anzuerkennen, dass sie fühlen – auch wenn wir ihr wahres Innenleben nie ergründen werden.

Die Schwierigkeit, mit ihnen zu kommunizieren, ist allerdings eine große Hürde, die den Blick in ihre Gefühlswelt versperrt.

III.

Können Tiere **sprechen?**

Die Erforschung der Tierkommunikation beruhte lange Zeit auf einem Missverständnis. Das zeigt das folgende Beispiel: Über Jahrzehnte hinweg mühten sich Wissenschaftler ab, Tieren – etwa Menschenaffen – Ausdrücke unserer Sprache oder eine eigens entwickelte Zeichensprache beizubringen. Doch während sie sich darauf konzentrierten, bei Tieren Kommunikationsformen zu finden und zu entschlüsseln, die denen des Menschen ähnlich sind, überhörten und übersahen sie vieles.

Denn Tiere tauschen nicht nur mittels Lauten, Gestik und Mimik Signale aus, wie es der *Homo sapiens* vornehmlich tut – sie übermitteln auch auf anderen Wegen Nachrichten.

Erspähen etwa Weberameisen Feinde, senden sie bestimmte Duftstoffe aus und rufen so andere Ameisen zur Hilfe herbei. Elefanten warnen vermutlich Gefährten vor Gefahr, indem sie die Erde minimal zum Beben bringen. Stampfen sie etwa mit ihren breiten Füßen auf, senden sie seismische Signale aus, die Artgenossen in Dutzenden Kilometern Entfernung wahrnehmen. Und Delfine stoßen im Meer komplexe Schallsequenzen aus – die andere nicht nur als Klänge wahrnehmen, sondern wohl auch als dreidimensionale Bilder.

So unterschiedlich ihre Verständigungsformen auch sind – eines haben fast all diese Tierarten gemein: Sie leben in größeren Gruppen zusammen.

Und genau dies förderte im Verlauf der Evolution die Entwicklung komplexerer Mitteilungsmöglichkeiten. Denn gemeinschaftliches Leben, Jagen und Erziehen erfordert Organisation und Abstimmung.

Kurz: Kommunikation.

Wissenschaftler haben gerade erst begonnen, die Vielschichtigkeit tierischer Verständigung zu durchleuchten.

Eines aber scheint schon jetzt klar: Wollen Menschen Tiere wirklich verstehen, müssen sie sich auf deren Sprache einlassen – und dürfen nicht länger allein menschliche Begriffe und Muster der Kommunikation zum Maßstab machen (siehe Seite 52).

GUT ZU WISSEN

Forschung

Studien zeigen: Viele unserer Mitgeschöpfe sind uns erstaunlich ähnlich. Oft entwickeln sie sogar einen eigenen Charakter.

Intelligenz

Tiere, die in sozialen Gruppen leben, erbringen mitunter hohe Denkleistungen – einige haben auch ein Bewusstsein ihrer selbst.

Gefühle

Kaum ein Forscher zweifelt heute mehr daran, dass Tiere fühlen können – dass viele Arten also Wut, Freude und Trauer verspüren.

IV.

Haben Tiere ein **Bewusstsein?**

Selbst Menschen, die die gleiche Sprache sprechen, verstehen einander oft nicht – etwa weil sie mit einem Begriff unterschiedliche Dinge assoziieren. Wer sich mit dem Seelenleben von Tieren befasst, ist häufig mit diesem Problem konfrontiert. Schon das Phänomen Intelligenz ist nicht scharf definiert. Noch schwieriger zu fassen ist es, was Bewusstsein genau ausmacht.

Niemand weiß, wo und wie Bewusstsein genau im Hirn entsteht. Unstrittig ist allein seine enorme Wichtigkeit. Denn Wesen müssen sich selbst, ihr Umfeld und ihr Gegenüber erkennen, um sinnhaft handeln zu können. Lange wurde diese Fähigkeit allein dem Menschen zugeschrieben.

Doch es gibt etliche Hinweise auf die Existenz einer Art Bewusstsein bei vielen Spezies. So führen Schimpansen Artgenossen zuweilen bewusst hinters Licht, um eigene Futterverstecke geheim zu halten.

Wie aber ist es um jene Fähigkeit bestellt, sich selbst und sein eigenes Antlitz zu erkennen – eines der Indizien, mit denen Forscher auf die Existenz eines Ich-Bewusstseins beim Menschen verweisen? Um dies zu überprüfen, haben Wissenschaftler den Spiegeltest erdacht: Dabei tupfen sie Tieren einen Farbklecks auf die Stirn und beobachten, ob sie ihr Ebenbild erkennen und den Klecks beispielsweise abreiben. Kinder tun dies mit rund 18 Monaten. Mittlerweile haben überraschend viele Arten diesen Test bestanden: Menschenaffen, Delfine, Elefanten, Schweine, sogar Rabenvögel.

Allerdings gilt umgekehrt auch, dass beispielsweise Hunde, die ja nachweislich in der Lage sind, ihren Besitzer zu erkennen und Gesten zu deuten, ihr Ebenbild vermutlich nicht erkennen. Man solle daher den Spiegeltest nicht überbewerten, schlussfolgern manche Forscher. Denn so wie Kommunikation über viele verschiedene

Charakterkopf

Studien belegen: Individualität gibt es wohl fast überall im Tierreich. So mag der eine Bär ein eher schüchternes Wesen haben, ein anderer sehr neugierig sein, ein dritter eher störrisch

Sinneskanäle verläuft, funktioniert möglicherweise auch das Erkennen des eigenen Ichs nicht nur über den Sehsinn.

Gefahrenbewusstsein und Neckerei, Lüge und Hilfsbereitschaft: Für all das müssen Tiere sich ihrer selbst bewusst sein – und sich zugleich hineinversetzen können in andere Wesen.

Im Jahr 2012 hat daher eine Gruppe angesehener Forscher erklärt, mindestens alle Säugetiere und Vögel, aber auch manche andere Lebewesen wie Kraken können ein Bewusstsein ausbilden. Die alte Vorstellung, nur der Mensch besitze Bewusstsein, sei falsch. Doch welche prinzipiellen Unterschiede zwischen Mensch und Tier bleiben dann noch? Die Persönlichkeit vielleicht, die viele Forscher als höchste Form des Geistes bezeichnen?

V.

Haben Tiere eine **Persönlichkeit?**

Pfleger im Zoo berichten seit Jahren davon, dass sich kein Tier wie ein zweites verhält, ein jedes bei dem, was es tut, seinen eigenen Stil und individuelle Strategien entwickelt. Auch Forscher haben solche Unterschiede lange wahrgenommen, deuteten sie allerdings anders: als rein zufällige Schwankung innerhalb ihres genetisch fixierten Repertoires von Verhaltensweisen.

Tiere, so ihre Überzeugung, könnten sich feste Charaktereigenschaften nicht leisten. Zu unterschiedlich seien die Herausforderungen, die die Natur an sie stelle. Da sei mal Entdeckerlust, mal Vorsicht gefragt.

Weshalb aber gehen Individuen unterschiedlicher Arten dann dennoch ihre eigenen Wege? Manche Kohlmeisen etwa zeigen sich im Versuch als kecke Entdecker, während ihre Artgenossen einen unbekannten Baum nur mit Sicherheitsabstand begutachten. Die Draufgänger unter den Oktopussen reißen alles in Stücke, was ihnen ins Aquarium geworfen wird, während die Zaghaften rasch davonschwimmen. Und Tierpfleger berichten, dass es unter Orcas wahre Morgenmuffel gebe, die vormittags zu nichts zu bewegen seien.

Wissenschaftler kommen seit einiger Zeit zu Ergebnissen, die die Erfahrungen der Pfleger bestätigen – und die Zoologie revolutionieren.

Denn Persönlichkeiten mit bestimmten Verhaltensmustern finden sich überall im Tierreich. Kohlmeisen

Forscher verstehen inzwischen, **weshalb die Evolution** so etwas wie Persönlichkeit hervorgebracht hat

Tierrechte

Die Erkenntnisse über die Ähnlichkeit von Mensch und Tier werfen zunehmend ethische Fragen auf: Räumen wir unseren Mitgeschöpfen **genügend Rechte** ein? Darf der Mensch einen Löwen (der denkt, fühlt und leiden kann) in einen Käfig sperren?

und Katzenhaie, Albatrosse und Stichlinge, Zebrafinken und Paviane: Sie alle haben eigene Charaktere.

Wissenschaftler entdecken individuelle Typen auch unter den in Schwärmen oder in Gruppen lebenden Tieren – dabei gingen Forscher doch lange davon aus, dass Tiere eines Verbandes, die das gleiche Habitat bewohnen, sich zwar von Situation zu Situation verschieden verhalten, doch als Individuen immerzu ähnlich.

Tatsächlich aber begünstigt wohl gerade das gemeinschaftliche Leben die Herausbildung besonderer Wesenszüge: weil es die Gruppe schlauer macht. Unterschiedliche Persönlichkeiten bewerten Situationen unterschiedlich und damit insgesamt ausgewogener.

Ein Beispiel: Bestünde eine Gruppe Sperlinge allein aus scheuen Individuen, kämen die Vögel nicht weit und wären ewig hungrig. Schon das Rascheln der Blätter etwa würde sie alle panisch aufscheuchen.

Zu viele Draufgänger hingegen gefährden das Überleben der anderen Gruppenmitglieder. Erst im Zusammenspiel der Charaktere ergeben sich gute Entscheidungen: Die Vögel flattern davon, sobald ein Fressfeind in Sichtweite ist.

Solche Studien an Tiercharakteren können zudem helfen, grundsätzlichere, auch uns Menschen betreffende Fragen zu beantworten. Warum etwa brachte die Evolution überhaupt so etwas wie Persönlichkeit hervor? Eine mögliche Erklärung: Sie stärkt den Einzelnen – und damit die gesamte Art.

Intelligenz, Gefühle, Sprache, Bewusstsein, Persönlichkeit: In welchen dieser Bereiche sich *Homo sapiens* auch einzigartig glaubte – es gibt immer mehr Hinweise, dass er es nicht ist.

Die Grenzen zwischen Mensch und Tier werden durchlässiger und immer häufiger infrage gestellt. Denn auch die allermeisten Tiere sind nach heutigem Forschungsstand denkende und fühlende Wesen.

Da drängt sich die Frage auf, weshalb der Mensch sich so lange vehement dagegen gewehrt hat, den Tieren das zuzugestehen.

Die wahrscheinlichste Begründung: Genau dieser – abwertende – Blick auf die Tiere ist die Voraussetzung für die Überfischung der Meere, die Zerstörung tierischer Lebensräume, die industrielle Massentierhaltung. Es fällt leichter, Wesen so zu behandeln, wenn man sie als Automaten betrachtet, ohne Gefühl und ohne Verstand.

Immer wieder verstricken wir uns im Umgang mit Tieren in Widersprüche (siehe auch das Interview auf Seite 144). Doch die neuen Erkenntnisse darüber, wie ähnlich sich Mensch und Tier am Ende sind, haben heftige Diskussionen darum entfacht, welche Rechte der Mensch den Tieren einräumt.

Der australische Tierethiker John Hadley aus Sydney etwa votiert für ein Eigentumsrecht für Tiere, das Unternehmen, Raumplaner oder Verwaltungen bei ihren Überlegungen zu achten hätten. Und der renommierte Verhaltensbiologie Volker Sommer aus London fordert Menschenrechte für Menschenaffen.

In diesem Sinne versuchten kürzlich Tierschützer im Namen zweier Schimpansen, die in Versuchsgehegen einer US-Universität leben, eine Klage anzustrengen. Man dürfe die Menschenaffen nicht ohne Angabe von Gründen inhaftieren, so der Vorwurf.

Die zuständige Richterin wies die Klage zwar ab, weil heute noch keine Anerkennung eines Affen als juristische Person möglich sei, schloss aber nicht aus, dass es eines Tages gelingen könnte, einige Rechte auf Schimpansen auszuweiten. Ein Revisionsantrag der Kläger wurde bereits eingereicht.

Andere Forscher gehen nicht so weit. Ihre Schriften sind aber leidenschaftliche Appelle an den Menschen, das Tier nicht länger als ein dem Menschen untergeordnetes Wesen zu sehen und zu behandeln. Schon allein deshalb, weil etwa Mensch und Affe sich genetisch weitaus ähnlicher sind als beispielsweise Affe und Ameise.

Vom Tier „im allgemeinen Singular zu sprechen, ist vielleicht eine der größten – und systematischsten – Dummheiten derer, die sich Menschen nennen", so hat es der französische Philosoph Jacques Derrida bereits 1997 formuliert. Es sei längst an der Zeit, meinen mehr und mehr Forscher, die selbstherrliche Position der Überlegenheit zu verlassen und einen neuen, demütigeren Platz zu finden. Als eine unter vielen Arten.

Gewiss: Mit dieser Haltung machen wir längst noch nicht alles richtig im Zusammenleben mit Tieren. Aber sie erschwert es uns, so vieles wie bislang einfach falsch zu machen. ◂

LESETIPPS

Carl Safina

Die Intelligenz der Tiere. Wie Tiere fühlen und denken

Anhand vielfältiger Beispiele erläutert der US-Biologe, dass Tier und Mensch sich weitaus weniger unterscheiden als lange angenommen. *526 Seiten, 26,95 Euro*

Gabriela Kompatscher, Reingard Spannring, Karin Schachinger

Human-Animal Studies

Leicht verständliche Einführung in die noch junge Wissenschaft der Tier-Mensch-Beziehung. *264 Seiten, 24,99 Euro*

Richard David Precht

Tiere denken

Wir lieben und wir verspeisen sie: Ausführlich, aber kurzweilig beleuchtet der Philosoph schwierige Fragen im Verhältnis von Tier und Mensch. *512 Seiten, 22,99 Euro*

Charles Foster

Der Geschmack von Laub und Erde. Wie ich versuchte, als Tier zu leben

Der Ethik-Dozent der Oxford University schlüpft in der Wildnis in die Rolle von fünf Tierarten, fühlt sich in deren Welt ein – und erklärt dabei Grundlagen der Gemeinschaft von Mensch und Tier. *288 Seiten, 20 Euro*

Woher rührt der Wunsch, mit Tieren zusammenzuleben? Können wir zu Hund, Katze und Co. eine ebenso intensive Bindung aufbauen wie zu Menschen? Und deuten wir die Gefühle unserer tierischen Gefährten richtig? Der Verhaltensbiologe Kurt Kotrschal über die Psychologie einer uralten Beziehung

Wenn Vierbeiner zu *Vertrauten* werden

INTERVIEW:

Rainer **Harf** und Sebastian **Witte**

•

FOTOS:

Theron **Humphrey**

Mensch und Tier können einander emotional anstecken: So übertragen sich mitunter Gelassenheit oder auch Freude

Um auf einer längeren Amerika-Reise nicht ohne Begleitung zu sein, adoptierte der US-Fotograf Theron Humphrey einen Welpen aus dem Tierheim: Maddie wird zu seiner besten Freundin – und zum Fotomodell

Im Beisein seiner Coonhound-Hündin kommen bei Theron Humphrey keine Einsamkeitsgefühle auf. Ein Jahr lang und mehr als 100 000 Kilometer reisten die beiden durch das Land

GEO WISSEN: *Herr Professor Kotrschal, jedes Jahr geben Menschen viele Milliarden Euro für ihre Haustiere aus. Warum überhaupt hält man sich Tiere?*

PROF. KURT KOTRSCHAL: Den Begriff „Haustier" mag ich nicht gern – Hunde, Katzen oder Pferde zeichnen sich ja nicht vornehmlich dadurch aus, dass man sie im Haus hat. Sondern dadurch, dass wir zu ihnen eine soziale Beziehung aufbauen. Es sind Gefährten, Kumpane. Daher spreche ich meist von „Kumpan-Tieren". Vor allem gibt es diese Kumpan-Tiere nicht erst, seit der Mensch sesshaft ist, in Häusern lebt.

Wie weit reichen die gemeinsamen Beziehungen zurück?

Bis zu unseren Jäger-und-Sammler-Vorfahren. So wissen wir zum Beispiel, dass die nahe Beziehung zwischen Mensch und Wolf wohl schon vor 40 000 Jahren begonnen hat. Wahrscheinlich haben Menschen seit jeher mit Tieren zusammengelebt, ohne sie unbedingt essen zu wollen.

Einen Anhaltspunkt bieten die letzten heute noch existierenden Jäger-und-Sammler-Kulturen, etwa im Amazonasgebiet. Dort nehmen die Menschen die Jungen von erlegten Muttertieren bei sich auf. Sie schießen zum Beispiel einen weiblichen Klammeraffen und ziehen das Affenbaby groß. Einerseits ist das Tierkind ein Gefährte für die Menschenkinder, sie verbringen Zeit miteinander, können Beziehungen zu dem Tier knüpfen. Andererseits hat das Verhalten auch spirituelle Wurzeln: Die Sorge um den Nachwuchs stiftet Versöhnung mit dem Geist der getöteten Mutter. In der Spiritualität liegt höchstwahrscheinlich die Wurzel all unserer Tierbeziehungen – und umgekehrt die Wurzel des Menschseins.

Prof. Dr. Kurt **Kotrschal**

ist Verhaltensbiologe an der Universität Wien. Außerdem leitet er die Konrad-Lorenz-Forschungsstelle in Grünau im Almtal und ist Mitbegründer des Wolf Science Centers in Ernstbrunn.

Ging es unseren Vorfahren stets um spirituelle Besänftigung?

Sie alle glaubten an die Beseeltheit der Natur und damit auch der Tiere. Manche Geschöpfe wurden als enge Verwandte betrachtet, als Totems, als spirituelle Mittler. Menschen sprachen ihnen bestimmte Eigenschaften wie Mut und Ausdauer, Klugheit und Kraft zu. Und sie wollten diese Eigenschaften wohl im spirituellen Kontakt mit den Tieren auch selbst erwerben.

Gilt das auch heute noch, etwa wenn sich Menschen mit besonders kräftigen Hunden umgeben?

Mag sein, dass sich manch einer eher für einen starken Hund entscheidet, weil er sich selbst als kraftvoll empfindet und so hofft, seine Ausstrahlung noch unterstreichen zu können. Aber heute dürfte es den wenigsten Menschen um Spiritualität gehen, wenn sie sich für ein Tier entscheiden.

Allerdings haben Verhalten und Vorstellungen unserer Ahnen in jedem von uns Spuren hinterlassen. Wir kommen ja mit bestimmten Bedürfnissen zur Welt, die mit unserem genetischen Erbe zusammenhängen. Eines der Grundbedürfnisse offenbart sich eben darin, dass zu einer guten sozialen, emotionalen, kognitiven und körperlichen Entwicklung auch ein Aufwachsen in Kontakt mit Tieren und Natur gehört. Das zeigen eine Reihe von Studien.

Ab wann interessieren sich Kinder für Tiere?

Das Interesse ist uns in die Wiege gelegt. Beobachtungen belegen, dass Babys im Alter von drei bis sechs Monaten sich für nichts so interessieren wie für Tiere. Diese Biophilie, die Liebe zum Lebendigen, ist universal: Alle gesunden Kleinkinder dieser Welt sind höchst tierfreundlich – je jünger, desto intensiver, und zwar

Tiere sind meist unkompliziert: Ein gut sozialisierter Hund wie Maddie schenkt uneingeschränktes Interesse

»Mein Hund hat sich bei mir noch nie darüber beschwert, dass meine Socken herumliegen«

Hunde haben nahezu identische Bedürfnisse wie wir. So lieben es Mensch und Tier gleichermaßen, Fürsorge zu empfangen – und sich um andere zu kümmern

unabhängig von Kultur und Einstellung der Eltern. Auch die ersten Lautäußerungen sind vielfach tierbezogen, etwa wenn Kinder begeistert auf einen Hund zeigen und dabei „Wauwau" sagen.

Im Alter von sechs bis neun Jahren differenzieren sich dann oft die emotionalen Beziehungen zu unterschiedlichen Tieren: Kinder haben nun Lieblingstiere. Mit zehn bis 13 Jahren nehmen das sachliche Interesse und das Faktenwissen zu Tieren sprunghaft zu. Und dann bildet sich allmählich ein umfassenderes Verständnis von Tieren als Teil der Ökosysteme heraus.

Wenn es so natürlich ist, dass wir mit Tieren zusammenleben: Wieso gibt es Menschen, die sich so ganz und gar nicht nach einer Beziehung zu Tieren sehnen?

Dass nicht alle Erwachsenen gleichermaßen tierbegeistert sind, hängt – wie bei allen anderen Eigenschaften auch – von den Anlagen und Entwicklungsbedingungen ab. Diese Menschen konnten sich in ihrer Kindheit ziemlich sicher für Tiere erwärmen. Vielleicht aber wurde von den Eltern dieses Interesse nicht sonderlich gefördert.

Dennoch spüren ganz viele Erwachsene eines Tages, dass ihnen etwas fehlt, und in ihnen keimt der Wunsch, einen Hund oder eine Katze bei sich aufzunehmen. Oft wird dieses Bedürfnis rationalisiert. Dann heißt es: Ein Hund ist ein guter Freizeitpartner, er ist gut für die Gesundheit, er ist gut für die Entwicklung der Kinder. All das ist richtig. Aber im Kern steht ein Bedürfnis fern der Ratio. Ein tiefer, instinktiver Wunsch.

Können wir zu Tieren eine ebenso intensive Bindung aufbauen wie zu Menschen?

Ja, absolut. Hunde sind unser soziales Alter Ego. Sie reagieren sehr gut auf unsere Bedürfnisse und haben ihrerseits nahezu identische Bedürfnisse. Das bedeutet: Mit ein wenig Herz und Hirn kann man zu einem Hund eine symmetrische, stabile und überaus bereichernde Partnerschaft aufbauen.

Hinzu kommt: Es gehört zu den Grundbedürfnissen des Menschen,

Fürsorge zu geben und Fürsorge zu empfangen. Ich will geliebt werden, und ich will andere haben, die ich lieben kann. Das kann mit anderen Menschen ein bisschen kompliziert sein, komplizierter als mit Hund oder Katze.

Diese Beziehungen sind einfacher?

Sie sind generell meist weniger kompliziert. Einem Hund, einer Katze, einem Pferd ist es völlig gleichgültig, ob ich hässlich bin oder schön, ob ich gut oder schlecht angezogen bin, ob ich reich oder arm bin. Mein Hund hat sich bei mir noch nie darüber beschwert, dass meine Socken auf der Couch rumliegen.

Von einem gut sozialisierten Kumpan-Tier – vor allem von Hunden – bekommt man viel bedingungslosere Zuwendung als von jedem Menschen. Von Menschen fühlt man sich beurteilt, vom Hund weniger. Das heißt nicht, dass uns ein Tier nicht evaluiert.

Inwiefern?

Studien zeigen zum Beispiel: Schaut ein Hund dabei zu, wie zwei Menschen interagieren – und verhalten sich die beiden freundlich zueinander –, dann nimmt der Hund von beiden gern ein Leckerli. Behandelt der eine Mensch allerdings den anderen schlecht, dann bevorzugt der Hund anschließend den Menschen, der ihm netter erschien. Und nimmt eher ein Leckerli von jenem, der nicht aggressiv aufgetreten ist.

Hunde sind sehr gut darin, unsere Emotionen zu lesen. Und sie entwickeln Präferenzen: Nicht jeder Hund mag jeden Menschen. Insofern stimmt der Mythos der bedingungslosen Liebe nicht so ganz. Und doch sind Hunde weit weniger kritisch als Menschen.

Gehen Katzen ebenso sensibel auf ihre Halter ein?

Katzen sind weniger domestiziert als Hunde – wir leben ja erst seit ungefähr 10 000 Jahren mit ihnen zusammen. Katzen sind ursprünglicher geblieben als moderne Hunde, mit relativ geringer genetischer Distanz zur Stammform, der nordafrikanischen Falbkatze.

Und sie sind zudem von Natur aus schon weniger sozial. Das zeigt sich am Stirnhirn, einer evolutionsgeschichtlich jungen Region des Denkorgans, die als soziale Kontrollinstanz dient; sie hindert uns Menschen beispielsweise daran, dass wir Impulsen und Emotionen allzu rasch nachgeben, und befähigt zu sozial adäquatem Verhalten. Das Stirnhirn ist beim Menschen riesig groß, bei Hunden vergleichsweise kleiner – und bei Katzen winzig. Katzen können Menschen gegenüber sehr sozial, freundlich, zugewandt sein, aber sie müssen nicht. Hunde müssen. Dass Hunde Besitzer haben, Katzen dagegen Servicepersonal, ist eine alte, im Wesentlichen aber zutreffende Weisheit.

Dennoch gehen viele Menschen sehr enge Bindungen zu Katzen ein. Kann die Beziehung ähnlich intensiv erlebt werden wie die zu einem Hund?

Absolut. Denn es ist oft gar nicht entscheidend, wie sozial das Tier eingestellt ist. Es gibt Menschen, die binden sich sogar besonders an jene anderen Individuen, die ihnen nicht allzu viel Beachtung schenken.

Interpretieren viele Tierhalter Gefühle in die Tiere hinein, die gar nicht existieren?

Ständig, ja. Menschen vermenschlichen Tiere. Etwas anderes können sie gar nicht tun. Und doch: Wir wissen heute, dass alle Säugetiere – und dazu gehören auch wir Menschen – die Grundemotionen nahezu eins zu eins teilen. Es gibt ein System von sieben Empfindungen, die in tieferen Teilen unseres Gehirns angesiedelt sind, mit der gleichen Neuroanatomie, der gleichen Neurochemie: Das sind Neugier, Zorn, Angst, Lust, Fürsorge, Trauer und Spielfreude.

Diese Emotionen dienen unter anderem der Kommunikation, daher haben Menschen eine sehr ausgefeilte Mimik – und Hunde haben ebenfalls eine ausgefeilte Mimik und Körpersprache.

Untersuchungen zeigen: Freuen sich Hunde zum Beispiel über den Geruch oder Anblick ihrer Menschen, wird in ihren Gehirnen eine Region aktiv, die auch bei Menschen in angenehmen Situationen anspringt.

Wenn wir Tiere vermenschlichen, wie empfinden die uns Menschen?

Ob im Gegenzug die Tiere den Menschen gleichsam vertierlichen, ist kaum zu beantworten. Aber überhaupt nicht unwahrscheinlich. Fest steht: Menschen und Tiere können einander mit ihren Emotionen förmlich anstecken. So wie Mensch und Mensch sich aufeinander einschwingen. Angst beim

einen kann zu Furcht beim anderen führen, Freude am Spiel weckt die Lust beim anderen.

Sollte man sich also in einer besonderen Weise zum Tier verhalten, damit die Beziehung gelingt?

Eine gute Beziehung baut darauf auf, dass man dem anderen ein verlässlicher, vorhersehbarer Partner ist. Und indem man viel gemeinsam unternimmt. Bei Hunden heißt das Zauberwort: positiver Führungsstil – also motivierend und belohnend, auf Strafe möglichst verzichten.

Man kann Menschen oder Hunden gegenüber mit der Faust auf den Tisch hauen und herumkommandieren, aber

Betrachten wir ein Tier, können wir nicht anders, als seine Stimmung mit unserer zu vergleichen. Und so meinen wir oft, seine Emotionen intuitiv zu verstehen

»Von Menschen fühlt man sich oftmals beurteilt. Von einem Tier dagegen weniger«

Hunde mögen keinesfalls jeden Menschen gleichermaßen, sondern binden sich wie Maddie möglichst an einen Vertrauten, der ihnen freundlich zugewandt ist

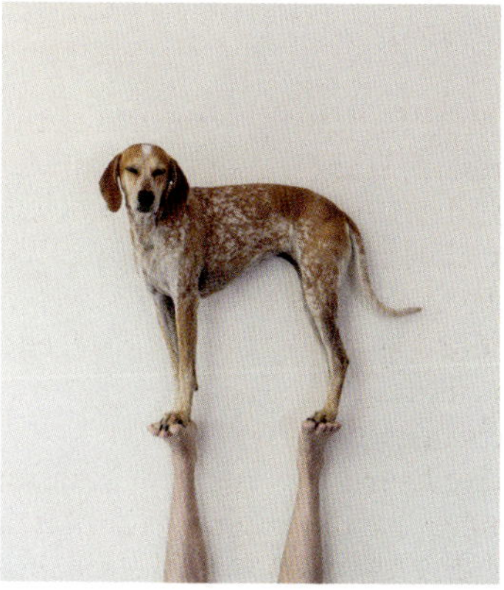

Das Zusammenleben mit Tieren kann der Gesundheit ihrer Halter zugutekommen. Gerade Hunde wirken belebend, sorgen für regelmäßige Aktivität und helfen so, Stress zu verarbeiten

das wird nicht die Basis sein für eine gute Beziehung.

Gibt es Hundemenschen und Katzenmenschen?

Von Katzenmenschen heißt es, sie hätten Vorschriften nicht so gern, seien unabhängiger. Und sie sind eher stolz darauf, dass die Katze nicht das tut, was man sagt. Auf der anderen Seite gibt es ausgesprochene Hundetypen: Sie wollen, dass ihr Hund funktioniert, sie mögen es, dass sie ihn kontrollieren können. Das sind aber eher Extreme.

Denn viele Menschen halten Hunde und auch Katzen. Und innerhalb der Hundehalter finden sich auch wieder die Hunde- und Katzentypen. Es gibt jene Hundehalter, die mit Deutschen Schäferhunden rumlaufen – und die ständig herumkommandieren. Und es gibt die anderen Hundehalter, die sich einen Chow-Chow zulegen, genau aus dem Grund, dass ein Chow-Chow seinen eigenen Kopf hat und eben nicht zuverlässig gehorcht.

Ist es gut für die Gesundheit, mit einem Tier zusammenzuleben?

Studien zeigen, dass Hundehalter subjektiv und objektiv gesünder sind als

Eine gute Beziehung zu einem Tier fußt auf tiefem Vertrauen, gegenseitiger Verlässlichkeit – und vielen gemeinsamen Erlebnissen und Erfahrungen

Nichthundehalter. So benötigen sie rund 15 Prozent weniger Arztbesuche. Auch verlängert das Zusammenleben mit einem Hund die Überlebenszeit nach einem Herzinfarkt im Vergleich zu Infarktpatienten ohne Hund. Dennoch bin ich vorsichtig, zu sagen, Haustierhaltung generell sei gesundheitsfördernd. Für viele Tiere – zum Beispiel Meerschweinchen, Kaninchen, Hamster – gibt es keine Studien. Und sogar in Bezug auf Katzen ist der Effekt nicht nachgewiesen.

Weshalb wirken sich gerade Hunde so positiv auf die Gesundheit aus?

Ein wesentlicher Aspekt besteht darin, dass Hunde uns aktivieren. Die Tiere zwingen zu einem bestimmten regelmäßigen Tagesablauf. Hunde fordern ein, dass man sich um sie kümmert. Ein weiterer gesundheitsförderlicher Mechanismus: Hunde bringen ihre Halter in Verbindung mit anderen. Das ist ein ganz wichtiger Faktor bei alten Menschen. Einen Hund zu halten ist das beste Mittel gegen Altersdepression.

Tiere intensivieren oft auch die zwischenmenschliche Kommunikation in Partnerschaften und Familien. Sie können – durchaus auch ihren eigenen Bedürfnissen entsprechend – Schmusepartner sein und durch emotionale und soziale Unterstützung zur Stressbewältigung ihrer Menschenpartner beitragen – also das Stresshormon Kortisol sowie die Herzschlagrate und den Blutdruck senken.

Voraussetzung für die gesundheitsfördernde Wirkung ist allerdings eine gute Beziehung. Das jedoch ist nicht selbstverständlich.

Was kann schieflaufen in der Beziehung zwischen Halter und Tier?

Nicht alle Beziehungen zu Kumpan-Tieren verlaufen harmonisch. Würden sie immer gelingen, säßen nicht Tausende Hunde, Katzen und andere Tiere in Heimen. Mensch-Tier-Beziehungen können glücklich machen, aber auch grandios scheitern. Für ausgesprochen bequeme Menschen mögen bewegungsbedürftige Hunde zwar theoretisch gesund sein, sie werden durch solche Tiere aber oft überfordert. Oder es dominieren unrealistische Erwartungen, was zu Frust führen kann, weil sich zum Beispiel das Kätzchen nicht wie erhofft von ganz allein zum zutraulich-verschmusten Kater entwickelt.

Verläuft die Beziehung nicht gut, ist Stress die Folge. Und der ist bekanntermaßen gesundheitsschädlich. Wichtig ist, zu klären, ob die Wurzel des Problems in der Beziehung liegt – in nicht erfüllten Bedürfnissen – oder zum Beispiel im medizinischen Bereich. So werden ältere Tiere mitunter grantig, weil sie chronische Schmerzen haben, etwa bei Zahnproblemen.

Kann ein Halter mit seinen Bedürfnissen nach Nähe und Bindung ein Tier überfordern?

Es gibt Katzenhalter, die ständig an ihren Tieren herumzupfen, sie dauernd auf den Arm nehmen und mit ihnen interagieren wollen. Oft führt das dazu, dass sich die Katze überfordert fühlt – und entsprechend distanziert agiert. Jeder Halter eines Tieres, ganz gleich ob Katze, Hund oder Pferd, sollte ein sensibler Beobachter sein. Und versuchen zu spüren, wann es dem Tier zu viel wird – und umgekehrt, wann ihr Kumpan mehr Zuwendung benötigt.

Was halten Sie von tiergestützter Therapie oder Pädagogik?

Vorausgesetzt, sie ist gut gemacht, halte ich davon sehr viel. Wir haben in Wohngruppen von sozial schwierigen Jugendlichen das Kommunikationsmuster bei Anwesenheit und Abwesenheit eines Hundes untersucht. Der Effekt: Allein die Gegenwart eines ruhigen, netten Tieres wirkt sich auf das Verhalten der Jugendlichen aus, sie gehen ruhiger miteinander um, weniger aggressiv.

In vielen Schulen arbeiten Lehrkräfte mit Hunden. Sie nehmen das Tier mit in die Klasse – und schaffen so ein viel besseres Unterrichtsklima. Aber dazu muss der Hund geeignet sein, und er braucht auch Pausen, sonst kann es vorkommen, dass das Tier überfordert ist, und ein gestresster Hund wirkt ziemlich sicher nicht positiv.

Das Bedürfnis nach einer Pause haben die Tiere offenbar ebenfalls gemein mit uns Menschen.

Der Graben zwischen Menschen und Tieren ist nicht so tief, wie viele meinen. Tiere sind den Menschen stammesgeschichtliche Brüder und Schwestern. Sie sind unsere Wurzel und bilden den Rahmen für unsere Evolution. Sie sind jener Spiegel, den wir brauchen, um uns selbst zu erkennen. Nicht in Abgrenzung, sondern im Vergleich.

Durch unser sehr analytisches, rational arbeitendes Gehirn reflektieren wir über die Welt. Das machen Hunde, Katzen oder Pferde sicher weniger.

Deshalb müssen wir Menschen in Partnerschaften zu ihnen immer die Verantwortung übernehmen. ◂

LESETIPPS

Kurt Kotrschal
Einfach beste Freunde. Warum Menschen und Tiere einander verstehen
Warmherziger, doch wissenschaftlicher Bericht über die Psychologie der Mensch-Tier-Beziehung.
224 Seiten, 22,50 Euro

Christina Hucklenbroich
Das Tier und wir. Einblicke in eine komplexe Freundschaft
Fundiert und unterhaltsam führt die Wissenschaftsjournalistin in verschiedenste Aspekte im Umgang mit Tieren ein.
368 Seiten, 19,99 Euro

Josef Reichholf
Haustiere. Unsere nahen und doch so fremden Begleiter
In diesem schön gestalteten Buch spürt einer der bekanntesten deutschsprachigen Biologen unseren tierischen Gefährten nach.
200 Seiten, 28 Euro

Sichern Sie sich jetzt Ihren GEO-Kalender 2018!

Im Panorama-Format!

GEO Panorama-Kalender „Der Blick ins Weite“

Atemraubende Ausblicke bieten die amerikanischen Nationalparks, Bilder von unendlich scheinender Dimension; von einer Zeit, in der Natur alles war und alles war Natur. Diese unermessliche Weite ins Bild zu bannen, ist die Spezialität des amerikanischen Fotografen Rodney Lough Jr. Seine zwölf spektakulärsten Bilder aus dem Yellowstone, dem Denali und weiter Wildnis in den USA zeigt dieser Kalender im einzigartigen GEO-Panorama-Großformat.

Maße: 137 x 60 cm
Best.-Nr.: G729190
Preise: 99,99 € (D/A), 110.00 Fr. (CH)

99,99 €

Vorteilspreis für Abonnenten:
89,99 €

Im Panorama-Format!

GEO SAISON Panorama-Kalender „Die schönsten Gärten dieser Welt“

Eine Weltreise zu Orten, wo Fantasien blühen: Leuchtende Stauden, Farne, Palmen, Dschungelgehölze verweben sich in „Hunte's Garden“ auf der Karibikinsel Barbados zu einem märchenhaften Tropenwald. Nahe Tekapo in Neuseeland ist ein lilafarbener Teppich aus Lupinen neben einem Wasserlauf ausgerollt. Und europäische Buchsparterres sorgen im winterlichen Schlosspark für majestätische Ruhe. Internationale Fotokünstler inszenieren auf mehr als einen Meter breiten Panoramabildern die Vielfalt und Pracht zeitgenössischer und historischer grüner Meisterwerke.

Maße: 120 x 50 cm Best.-Nr.: G729201 Preise: 99,99 € (D/A), 110.00 Fr.(CH)

99,99 €

Vorteilspreis für Abonnenten:
89,99 €

Entdecken Sie unsere Produktvielfalt unter **www.geoshop.de/kalender2018**

Oder per Telefon bestellen unter **+49 (0) 40/42 23 64 27** (Bitte geben Sie immer den Aktionscode an: G00147)

Inkl. 12 Postkarten

69,99 €

Vorteilspreis für Abonnenten:
61,99 €

29,99 €

Vorteilspreis für Abonnenten:
25,99 €

GEO Edition-Kalender „Tierwelten"

Der majestätische Kampf zweier Seeadler im Flug, der anmutige Sprung der Antilope, jagende Seelöwen im Meer, Orang-Utans, Elefanten und Königspinguine: Nur die besten Tierfotografen der Welt sind in der Lage, diese einzigartigen Momente in großartigen Fotos zu verdichten.
Alle Motive auch als Postkarten zum Heraustrennen.

Maße: 70 x 60 cm
Best.-Nr.: G729192
Preise: 69,99 € (D/A), 77.00 Fr. (CH)

GEO SAISON Kalender „Im Licht des Südens"

Die schönsten südlichen Urlaubsregionen zeigen ihre Sonnenseiten. Zypressen stehen in den Hügeln bei Montalcino in der Toskana Spalier und weisen einen Weg Richtung Himmel. Auf La Gomera glüht dieser beim Sonnenuntergang über den Bergen bei Agulo in Gold- und Silbertönen. Sehnsuchtsorte, die ein Lächeln schenken und Alltagsgrau vertreiben.

Maße: 50 x 45 cm
Best.-Nr.: G729204
Preise: 29,99 € (D/A), 33.00 Fr. (CH)

Coupon einfach ausfüllen, ausschneiden und senden an: GEO Kundenservice, 74569 Blaufelden

GEO-Bestellcoupon – versandkostenfreie Lieferung ab 80,– €!

Ich bestelle folgende Artikel:

Produktbezeichnung	Best.-Nr.	Preis D	Menge
☐ GEO Panorama-Kalender „Der Blick ins Weite"	G729190	99,99 €	
☐ GEO SAISON Panorama-Kalender „Die schönsten Gärten dieser Welt"	G729201	99,99 €	
☐ GEO Edition-Kalender „Tierwelten"	G729192	69,99 €	
☐ GEO SAISON Kalender „Im Licht des Südens"	G729204	29,99 €	
Gesamtsumme: (zzgl. 3,90 € Versandkosten, versandkostenfreie Lieferung ab einem Bestellwert von 80,00 €)			

Meine persönlichen Angaben: (bitte unbedingt ausfüllen)

Abonnentennummer (wenn vorhanden)

Name I Vorname

Geburtsdatum

Straße I Nummer

PLZ I Wohnort

Telefon

E-Mail

☐ Ja, ich bin damit einverstanden, dass GEO und Gruner+Jahr mich künftig per E-Mail oder Telefon über interessante Medien- und Produktangebote ihrer Marken informieren. Der Nutzung meiner Daten kann ich jederzeit widersprechen.

☐ **Ich zahle per Rechnung**

☐ **Ich zahle bequem per Bankeinzug** (nur in Deutschland möglich)

BIC

IBAN

Bankinstitut

SEPA-Lastschriftmandat: Ich ermächtige die Gruner+Jahr GmbH & Co KG, Am Baumwall 11, 20459 Hamburg, Gläubiger-Identifikationsnummer DE31ZZZ00000031421, wiederkehrende Zahlungen von meinem Konto mittels Lastschrift einzuziehen. Zugleich weise ich mein Kreditinstitut an, die von der Gruner+Jahr GmbH & Co KG auf mein Konto gezogenen Lastschriften einzulösen. Die Mandatsreferenz wird mir separat mitgeteilt. **Hinweis:** Ich kann innerhalb von 8 Wochen, beginnend mit dem Belastungsdatum, die Erstattung des belasteten Betrages verlangen. Es gelten dabei die mit meinem Kreditinstitut vereinbarten Bedingungen.

(Auslandspreise auf Anfrage.)

Widerrufsrecht: Sie können die Bestellung binnen 14 Tagen ohne Angabe von Gründen formlos widerrufen. Die Frist beginnt an dem Tag, an dem Sie die erste bestellte Ausgabe erhalten, nicht jedoch vor Erhalt einer Widerrufsbelehrung gemäß den Anforderungen von Art. 246a § 1 Abs. 2 Nr. 1 EGBGB. Zur Wahrung der Frist genügt bereits das rechtzeitige Absenden ihres eindeutig erklärten Entschlusses, die Bestellung zu widerrufen. Sie können hierzu das Widerrufs-Muster aus Anlage 2 zu Art. 246a EGBGB nutzen. Der Widerruf ist zu richten an: GEO Versandservice, 74569 Blaufelden; Telefon:+49(0)40-42236427; Telefax: +49(0)40-42236663; E-Mail: guj@sigloch.de

Aktionsnr.: G00147

Datum I Unterschrift

Kluge Jäger

Greifvögel wie dieser Rotschwanzbussard verfügen über extrem leistungsfähige Gehirne. Nur so können sie in den unterschiedlichsten Lebensräumen siedeln und Beutetiere wie Mäuse oder Insekten aus großer Höhe erspähen. Ihre enorme Denkkraft ermöglicht ihnen sogar taktisches Geschick: So jagen die Bussarde bevorzugt in der Gruppe – und treiben auf diese Weise kleine Tiere in die Enge

viel schlauer als gedacht

TEXT:
Sebastian **Witte**
•
FOTOS:
Brad **Wilson**

Lange galten Sittiche, Stare, Papageien und Kakadus als rein instinktgetriebene Wesen, die allenfalls zur Zierde in kleinen Käfigen taugen. Doch seit einigen Jahren finden Forscher immer mehr Belege für die erstaunliche Intelligenz der Federtiere. Auf manchen Gebieten scheint ihr Scharfsinn sogar die menschliche Denkkraft zu überflügeln

Unserer Sprache nach zu urteilen, scheinen Vögel von eher schlichtem Gemüt zu sein. Halten wir jemanden für dümmlich, bescheinigen wir ihm ein „Spatzenhirn". Wer nicht ganz bei Verstand ist, hat, salopp ausgedrückt, „eine Meise". Talentfreie, unbeholfene Taugenichtse gelten als „Tölpel"; Frauen, die ihre Kinder vernachlässigen, als „Rabenmütter". Und „piept" es bei jemandem, dann zweifeln wir an seiner Zurechnungsfähigkeit.

Solche Zuschreibungen finden sich nicht zufällig in unserem Wortschatz, denn lange Zeit hielt man Sittiche, Drosseln, Papageien, Stare und Kakadus tatsächlich für einfältig und dumm. Allenfalls zu Zierde und Zeitvertreib taugten sie vielen Menschen, in kleinen, dekorativen Käfigen.

Vögel, das waren selbst für Forscher fliegende Automaten, die gegen Fensterscheiben krachen, instinktgesteuert um sich picken, in Überlandleitungen rauschen. Höhere geistige Fähigkeiten trauten die meisten Wissenschaftler lediglich einigen Säugetieren zu, vornehmlich manchen Primaten wie etwa den Menschenaffen, also Schimpansen, Gorillas und Orang-Utans.

Denn nur sie verfügen über eine große, stark gefurchte Großhirnrinde. Dieser „Kortex" ist die äußere Hülle des Denkorgans und beherbergt Abermilliarden Nervenzellen, die höheren geistigen Aufgaben wie Lernen, Planen und Entscheiden dienen.

Beim Menschen macht die nur wenige Millimeter dicke Großhirnrinde fast die Hälfte des gesamten Hirnvolumens aus: Sie lässt uns denken, Urteile fällen und die Welt begreifen.

Einem Vogelhirn aber fehlt jene walnussartige äußere Schicht. Seine Oberfläche sieht vielmehr glatt und glänzend aus, wie ein Stück Leber. Eine derart simple Struktur, so vermuteten die Forscher, könne keine kognitiv anspruchsvollen Prozesse steuern.

Diese Lehrmeinung aber hat sich grundlegend gewandelt. Überall auf der Welt haben Wissenschaftler erstaunliche Anzeichen und Belege dafür gefunden, dass Vögel weitaus schlauer sind als ihr Ruf. In Japan etwa legen Aaskrähen Walnüsse auf Straßen, damit sie von fahrenden Autos geknackt werden. Einige dieser Rabenvögel lassen die hartschaligen Früchte sogar bevorzugt auf Kreuzungen mit Ampeln fallen und passen anschließend bewusst die Rotphasen ab, um das nun freigelegte Futter aufzusammeln. Auf diese Weise vermeiden sie es, überfahren zu werden.

Ein ähnliches Verhalten zeigen ihre Verwandten in Nordamerika, die Hirschknochen auf Eisenbahnschienen legen,

Rabenvögel **können s**
in die Gedanken von
Artgenossen **hineinversetzen**

Brad **Wilson**

zählt zu den weltweit renommiertesten Tierfotografen.

Sebastian **Witte**

ist GEO WISSEN-Redakteur; im Frühjahr beobachtet er auf seinem Balkon den raffinierten Nestbau von Amseln.

Geistiger Überflieger

Raben zählen zu den intelligentesten Vögeln überhaupt: Sie leben in großen Clans, bilden langjährige Freundschaften, führen zuweilen Rivalen hinters Licht und haben offenbar ein Bewusstsein ihrer selbst. Forscher haben herausgefunden, dass die Nervenzellen in ihren Gehirnen besonders dicht gepackt sind und sie dadurch Signale extrem schnell verarbeiten können

Wacher Blick

Mit ihren Augen vermögen Eulen nicht nur Gegenstände und Beutetiere räumlich zu sehen, sondern auch Geschwindigkeiten und Abstände zu schätzen. Und so ist es wenig verwunderlich, dass ein überdurchschnittlich großer Teil ihres Hirns mit der Verarbeitung visueller Reize beschäftigt ist. So können die Nachtjäger beide Pupillen – je nach Lichteinfall – getrennt voneinander weiten oder verengen

Manche Vögel **besitzen ein genaues** Gespür für Vergangenheit und Zukunft

um an das Mark im Inneren zu gelangen. In Simbabwe wurden Geier beobachtet, die stundenlang neben einem Minenfeld warten, bis unvorsichtige Gazellen in schnabelgerechte Häppchen gesprengt werden. Ein Schwarzmilan in Australien soll gar mit einem glimmenden Stock Gras entzündet haben: weil er es auf flüchtende Nager abgesehen hatte. Und manche Kiefernhäher legen 30 000 Futterverstecke an – und finden davon 90 Prozent wieder. Eine Gedächtnisleistung, zu der wohl kein Mensch fähig wäre.

Vor einigen Jahren testeten Verhaltensforscher in Tokyo das Abstraktionsvermögen von Tauben. Auf einem Monitor präsentierten sie den Vögeln in zufälliger Reihenfolge mehrere Gemälde von Pablo Picasso und Claude Monet. Die Tauben wurden in zwei Gruppen eingeteilt. Die einen erhielten immer dann eine kleine Futterration, wenn sie mit ihrem Schnabel gegen ein impressionistisches Bild pickten, die anderen, wenn sie ein Werk von Picasso berührten. Nach einigen Durchgängen hatten die Vögel das Prinzip verstanden – und konnten die beiden Künstler fortan mit einer Treffsicherheit von bis zu 90 Prozent voneinander unterscheiden.

Sie prägten sich dabei offenbar sogar den spezifischen Malstil ein, denn selbst unbekannte Werke vermochten sie nun auf Anhieb richtig zuzuordnen.

Ein Graupapagei namens Alex, den die Zoologin Irene Pepperberg an der Harvard University trainierte, bestach vor allem durch seine Fähigkeit, logische Schlüsse zu ziehen: Er konnte Stoffe wie Metall, Plastik oder Papier unterscheiden, Farben benennen oder Formen wie Kreise, Kugeln, Dreiecke und Würfel auseinanderhalten.

Mehr noch: Er vermochte sogar zu rechnen. Auf einem Tablett präsentierte die Wissenschaftlerin dem Papagei zwei umgedrehte Plastiktassen, unter denen sich Nüsse befanden – unter der einen zum Beispiel zwei, unter der anderen drei. Nacheinander hob sie die Tassen kurz hoch und stellte sie wieder ab. Dann fragte sie Alex: „Wie viele Nüsse insgesamt?“

Ein halbes Jahr lang testete die Zoologin die Rechenkünste des Papageis: Alex bildete in mehr als 85 Prozent der gestellten Aufgaben die richtige Summe. Damit erreichte er die Fähigkeiten eines Kleinkindes.

Gefiederte Sprachkünstler

Papageien – hier ein Weißhaubenkakadu – leben häufig in Gemeinschaft und haben daher im Laufe der Evolution hoch entwickelte Kommunikationstechniken hervorgebracht. Mitunter können sie sogar auf Fragen antworten und Wünsche äußern

Dass manche Vögel gar eine Vorstellung davon haben, was Zeit ist, hat die britische Forscherin Nicola Clayton entdeckt. Verwehrte sie Buschhähern ihr Frühstück, versteckten die Vögel schon bald abends ausreichend Futter, um morgens nicht hungern zu müssen. Am nächsten Tag wussten die Häher nicht nur genau, wo sie die Kost vergraben hatten, sie merkten sich auch exakt, wann sie welche Nahrung beiseitegeschafft hatten.

Das konnte die Britin mit einem weiteren Experiment nachweisen. Sie gab den Vögeln Wachsmotten und Erdnussstückchen und ließ sie die in sandgefüllten Kästen verscharren. Die Raupen der Wachsmotten gehören zur Lieblingsspeise von Buschhähern, haben aber einen Nachteil: Sie verderben rasch. Die wesentlich weniger beliebten Erdnüsse halten dagegen monatelang.

Zu unterschiedlichen Zeiten gab Nicola Clayton den Vögeln die Kästen zurück. Durften die Tiere bereits am nächsten Tag nach dem Futter suchen, gruben sie ausschließlich die begehrten Raupen aus. Waren die Vorräte jedoch schon einige Tage alt, beachteten sie die Verstecke, in denen das mittlerweile verdorbene Fleisch lag, überhaupt nicht – und bargen stattdessen ausschließlich die Erdnüsse. Offenbar haben die Buschhäher also ein genaues Gespür für Vergangenheit, Gegenwart und Zukunft.

Ein anderes Experiment mit Neukaledonischen Krähen belegt, dass die Tiere in der Lage sind, aus Metalldrähten Haken zu biegen, um so einen

Die Lernwilligen

Papageien wie dieser Ara sind soziale Tiere und auf den Austausch mit Artgenossen un Haltern angewiesen. Nur so können sie sich gesund entwickeln und ihr geistiges Potenzial ausschöpfen. Wer als Halter viel Zeit mit den Vögeln verbringt, vermag ihnen zahlreiche Tricks beizubringen, darunter sogar einfache Zähl- und Rechenübungen

kleinen Eimer mit Futter aus einer Röhre zu ziehen.

All dies bewerkstelligen Vögel mit einem Denkorgan, das – je nach Spezies – oft so klein ist wie eine Erbse (und nie größer als eine Pflaume) und zudem ohne die zerklüfteten Großhirnwindungen auskommt. Gerade die aber hatte der deutsche Neuroanatom Ludwig Edinger einst zum Gipfel der Hirnentwicklung erklärt, als er vor mehr als 100 Jahren eine Art Stufenleiter der Intelligenz für die Wirbeltiere entwarf.

Seinem Modell zufolge haben sich die Vertebraten (von lat. *vertebra*, Wirbel) im Verlauf der Evolution kontinuierlich weiterentwickelt – von den Fischen über Amphibien, Reptilien und Vögel bis zu den Säugern. Mit jeder Stufe, so die Theorie, erhielten die einzelnen Klassen ein neues, noch leistungsfähigeres Hirnstück dazu.

Die unter den Windungen liegenden Hirnareale etwa eines Affen deutete Edinger entsprechend als Relikte früherer Evolutionsschritte: zuinnerst das Fischhirn, darum das Amphibien- und das Reptilienhirn, dann das Vogelhirn und zuletzt das Säugerhirn mit seiner gefalteten Großhirnrinde, dem Kortex. Deshalb wurden die Gehirne von Vögeln im Vergleich zu denen von Säugetieren als primitiv und weniger entwickelt angesehen, galt das Federvieh eher als instinktgetrieben.

Den neueren Erkenntnissen zufolge ist jedoch klar, dass der Kortex der Säugetiere nicht länger als einzige Lösung auf dem evolutionären Weg zu intellektuellen Fähigkeiten gelten kann. Die Evolution der Intelligenz ist keineswegs so geradlinig und gerichtet verlaufen, wie Edinger einst dachte.

Im Gegenteil: Die Klasse der Vögel, so wissen die Forscher heute, hat sich vor gut 150 Millionen Jahren von den Reptilien abgespalten – mindestens 150 Millionen Jahre später als die Säugetiere. Das Vogelhirn stellt also gewissermaßen das viel jüngere Organ dar. Demzufolge ist es keineswegs ein urtümlicher Vorläufer des Säugetierhirns.

Beide Klassen, die Vögel und die Säugetiere, haben ihre weit entwickelte Intelligenz vielmehr unabhängig voneinander hervorgebracht. „Wenn man einmal vom Menschen absieht, so war die Vogellinie in der Entwicklung kognitiver Fähigkeiten nicht weniger erfolgreich als die Säugetierlinie“, erklärt der Biopsychologe Onur Güntürkün, der an der Ruhr-Universität Bochum die erstaunliche Gehirnleistung der gefiederten Flieger erforscht.

Einige Spezies bewältigten den mentalen Aufschwung jedoch erfolgreicher als andere. Denn in beiden Klassen wuchsen die Hirne einiger Vertreter im Lauf der Evolution überproportional an: bei den Säugern die der Menschenaffen, bei den Vögeln vor allem die der Raben, Krähen und Papageien.

Evolutionsbiologen erklären das Phänomen unter anderem damit, dass diese Arten fast ausnahmslos in komplexen sozialen Gruppen leben. In solchen vielschichtigen Gemeinschaften, in denen die Mitglieder ständig miteinander interagieren, benötigen Tiere besonders leistungsfähige Gehirne.

So müssen Schimpansen ihre Artgenossen ebenso individuell erkennen und unterscheiden können wie Raben – denn beide Arten bilden Clans mit einer ausgeprägten Hierarchie. Manche Clanmitglieder schließen langjährige Freundschaften, fechten Kämpfe mit Rivalen aus, gehen gemeinsam auf Jagd.

Während jedoch der Fortschritt hin zu immer mehr Leistung bei den Primaten in erster Linie dem Aufblähen der Großhirnrinde zu verdanken war, folgte die Entwicklung der Vögel anderen Bauprinzipien. Ihr Intelligenzzentrum wird heute einer Hirnregion zugesprochen, die Forscher gemäß der Theorie von Edinger noch vor wenigen Jahren mit primitiven Instinkthandlungen und unbewusst ablaufenden Prozessen in Verbindung brachten.

Planen, bewerten, entscheiden: Vögel verfügen über hoch entwickelte Hirnfunktionen

Onur Güntürkün und sein Team haben dagegen entdeckt, dass das ungefaltete Vorderhirn der Vögel im Prinzip die gleichen Typen von Neuronen enthält wie der Kortex der Säuger.

Das bedeutet, dass beide Hirnstrukturen in der Lage sind, ähnliche neuronale Netze zu knüpfen. Während sich die verschiedenen Neuronenarten im Säugerkortex jedoch in Schichten übereinanderlegen, fügen sie sich im Vogelhirn zu Clustern zusammen – gleich einem Marmorkuchen, in dem sich verschiedenfarbige Anteile des Teigs in Gruppen nebeneinanderballen.

Welchen Vorteil diese Clusterbildung hat, können die Forscher bislang noch nicht mit Sicherheit beantworten. Womöglich hilft sie dem Vogelhirn dabei, einzelne Areale besonders effizient miteinander zu verschalten, Hirnfunktionen wie Planen, Bewerten und Entscheiden besser zu koordinieren.

Zugute kommt dem vergleichsweise winzigen Denkorgan der Federtiere bei dieser Höchstleistung eine weitere architektonische Besonderheit: Es besitzt sehr kleine Nervenzellen, die äußerst dicht gepackt sind.

Vögel vereinen also auf kleinem Raum eine weitaus höhere Anzahl von Neuronen als Säugetiere. Das hat große Vorteile: Die Übertragungswege zwischen einzelnen Zellen verkürzen sich enorm, Reize können rascher verarbeitet und weitergeleitet werden.

Intelligenz ist demnach nicht unbedingt eine Frage der Hirngröße. Vielmehr kommt es auf die Leistungsfähigkeit der einzelnen Neuronennetze an, und in dieser Eigenschaft scheinen die Denkapparate der Vögel die aller anderen Tiere zu übertreffen – womöglich haben sie im Vergleich zu manchen Säugern sogar die viel effizienteren Gehirne hervorgebracht.

Vielleicht waren einige Vogelspezies auch deshalb imstande, sich an mehr Lebensräume anzupassen und

Schlauer Kopf

Lange hielten Forscher die Denkorgane von Vögeln (hier ein Palmkakadu) für urtümliche Vorläufer des Säugetierhirns. Heute ist klar: Die Federtiere haben ein Hirn mit besonders leistungsfähigen Neuronennetzen hervorgebracht, das womöglich sogar effizienter arbeitet als die Gehirne von Hunden, Katzen, Pferden oder Primaten mehr ökologische Nischen zu erobern als die meisten anderen Wirbeltiere.

Denn um sich in unterschiedlichsten Habitaten behaupten zu können, benötigen Tiere vor allem geistige Flexibilität: So sind bestimmte Rabenvogelarten in der Gesellschaft von Eisbären in der hohen Arktis ebenso zu Hause wie im Gefolge von Wolfsrudeln in der sibirischen Taiga, sie fangen bei 50 Grad Celsius Eidechsen im amerikanischen Death Valley und bewohnen die Gebirgsregionen des Himalaya, der Rocky Mountains und der Anden.

Auch an die Moderne haben sie sich gewöhnt: Sie nisten auf Kirchtürmen, durchwühlen Mülltonnen, erbeuten überfahrene Tiere auf der Straße.

Und wie der Verhaltensforscher Thomas Bugnyar von der Universität Wien herausgefunden hat, vermögen sie sich sogar in andere Artgenossen hineinzuversetzen – eine geistige Gabe, die ein hohes Maß an Aufmerksamkeit und Einfühlungsvermögen voraussetzt.

In einem Experiment ließ Bugnyar zwei Raben dabei zusehen, wie er in einem Gehege Futter versteckte. Bei einigen Durchgängen verdeckte er jedoch die Sicht des einen Vogels so, dass nur der andere mitbekam, wo genau sich die Kost verbarg.

Wussten beide Vögel um das Versteck, lieferten sie sich einen Wettlauf, schließlich wollte jeder den Leckerbissen als Erster einstreichen. War einer der beiden Vögel hingegen ahnungslos, ließ sich der eingeweihte Rabe Zeit.

Er wartete, bis sich sein Gefährte möglichst weit von der begehrten Futterstelle entfernt hatte, und plünderte erst dann das Versteck: weil er wusste, dass der andere keine Ahnung hatte, wo sich die Nahrung befand.

Bei so viel tierischer Einsicht und List scheint es fast, als überträfe der Mensch den gefiederten Scharfsinn nur deshalb, weil er über die wohl komplexeste Form des Geistes verfügt: Selbstbewusstsein, also eine Ich-Identität.

Bei Kindern reift die Fähigkeit zur Selbsterkennung im Alter von etwa 18 Monaten heran. Klebt man ihnen einen Farbpunkt auf die Stirn, bemerken sie ihn, sobald sie sich im Spiegel sehen, und fassen sich an die markierte Stelle. Sie begreifen: Das bin ich, und auf meiner Stirn haftet ein Punkt.

Auch einige Menschenaffen vermögen sich so selbst zu erkennen. Doch anders als Wissenschaftler lange Zeit vermuteten, sind sie nicht die einzigen Tiere, denen dies gelingt: Onur Güntürkün hat das Experiment mit Elstern wiederholt – und auch die Rabenvögel haben sofort versucht, sich an der präparierten Stelle zu kratzen und zu putzen. Sie erkannten sich also selbst.

„Die ganze Zeit hat neben uns eine Gruppe von Tieren gelebt, die all jene mentalen Fähigkeiten entwickelt haben, die auch für den Menschen wichtig sind. Und niemand hat es bemerkt“, sagt Güntürkün.

So kommt es, dass Forscher gerade erst beginnen, das Geheimnis der grübelnden Vögel zu enträtseln.

Bisher haben sie vor allem Einblicke in die Köpfe von Raben und Papageien gewonnen. Doch wer weiß, zu welchen geistigen Höhenflügen andere Vögel fähig sind: Pinguine etwa, Albatrosse und Strauße, Enten, Adler oder Kiwis.

Immerhin gibt es ja mehr als 10 600 Vogelspezies auf der Erde. Und damit rund 10 600 verschiedene Arten von Intelligenz – doppelt so viele wie bei den Säugetieren.

GUT ZU WISSEN

Evolution

Anders als Säugetiere haben Vögel keine gefurchte Hirnrinde hervorgebracht. Daher hielten Forscher sie lange Zeit für eher einfältig.

Anatomie

Intelligenz ist keine Frage der Hirngröße: Es kommt auf die Leistungsfähigkeit der Neuronennetze an – und die ist bei Vögeln sehr hoch.

Haltung

Da viele Vögel auf Kommunikation mit Artgenossen angewiesen sind, sollten sie niemals isoliert gehalten werden.

LESETIPPS

Jennifer Ackerman

Die Genies der Lüfte. Die erstaunlichen Talente der Vögel

Ein Buch, das vor Augen führt, wie beeindruckend Vögel sind.

448 Seiten, 24,95 Euro

Tim Birkhead

Die Sinne der Vögel – oder wie es ist, ein Vogel zu sein

Kapitel für Kapitel stellt der renommierte britische Verhaltensbiologe jeweils einen Sinn vor – darunter den verblüffenden Magnetsinn.

210 Seiten, 24,99 Euro

Michael Quetting

Plötzlich Gänsevater

Einfühlsam und fundiert berichtet der Forscher von dem Abenteuer, Vögel aufzuziehen und sie mit einem Ultraleichtflugzeug zu begleiten. *240 Seiten, 19,99 Euro*

Beobachtung

Die Fotografin Ana Rosenberg, USA, hat die besondere Bindung ihres Sohnes Alexander zu seinen fünf Haustieren dokumentiert, etwa zu dem Meerschweinchen Mr. Ozzy

welches tier

INTERVIEW:

Jenny **Niederstadt**

•

FOTOS:

Ana **Rosenberg**

Regeln

Noni, der Golden Retriever der Familie, lernt einfache Kommandos von Alexander. Kinder erfahren auf diese Weise Selbstwirksamkeit

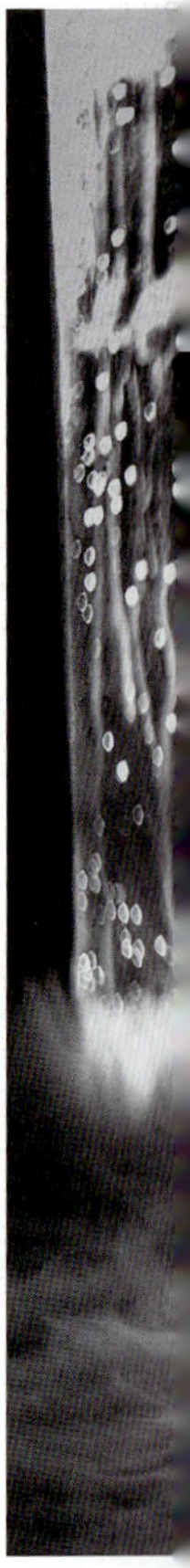

für mein kind?

Spielen

Mit einem Huhn lässt sich vielleicht nicht kuscheln, aber dafür beschenkt es seine Halter mit Eiern – und hält sie in Bewegung

Fürsorge, Pflege, Verantwortung – und vor allem die richtige Wahl: Die Verhaltensforscherin *Carola Otterstedt* erklärt, was Eltern beachten sollten, wenn sich der Nachwuchs einen tierischen Mitbewohner wünscht

Freundschaft

Fast scheint es, als sei das Kaninchen Luna so etwas wie ein Vertrauter, als verstünden sich Mensch und Tier auch ohne Sprache

Respekt

Kinder sollten von Erwachsenen lernen, dass auch kleine Tiere wie Meerschweinchen Persönlichkeit und Würde besitzen, die es ähnlich wie bei Menschen zu achten gilt

GEO WISSEN: *Frau Dr. Otterstedt, fast alle Kinder äußern irgendwann einmal den sehnlichen Wunsch, ein Haustier in die Familie zu holen. Wieso eigentlich?*

DR. CAROLA OTTERSTEDT: Kinder sind fasziniert von allem, was lebendig ist. Sie registrieren schon früh, dass Menschen und Tiere sich ähneln: Sie haben ähnliche physische, emotionale und soziale Bedürfnisse, atmen, laufen und kommunizieren. Und doch sind Menschen anders als Tiere. Eine innige Beziehung zu einem Tier einzugehen ist für Kinder enorm verlockend. Viele sehnen sich danach, schon ab einem Alter von vier, fünf Jahren.

So früh schon?

Ja – weil Kinder da ihre Umwelt entdecken: Sie laufen Käfern hinterher oder sammeln Regenwürmer. Manche Kinder essen auch schon mal einen Wurm, um ihn ganz und gar wahrzunehmen. Oder sie zertreten Ameisen und betrachten sie anschließend. Das ist für uns Erwachsene ethisch problematisch, aber so verstehen die Kinder mitunter durch ihr Handeln erst, was tot und was lebendig ist – und welche Konsequenzen ihr Handeln hat.

Sie lernen dabei starke Emotionen kennen wie Trauer und Verantwortung: Wie fühle ich mich, wenn ich etwas Lebendiges zertreten habe? Wie geht es mir, wenn ich etwas beschütze, zum Beispiel einen verletzten Vogel? Oder eben mein Haustier, indem ich es zuverlässig versorge?

Dr. Carola **Otterstedt**

ist Vorsitzende der Stiftung »Bündnis Mensch & Tier«, die sich für einen respektvollen und artgemäßen Umgang mit Tieren einsetzt.

Auf diese Weise entwickeln Kinder Verantwortungsgefühl, Empathie und die Bereitschaft, sich auf Fremdes einzulassen – auch einer anderen Spezies entspannt zu begegnen.

Gelingt das mit jedem Tier gleichermaßen gut?

Grundsätzlich versuchen Kinder vorurteilsfrei mit jedem Tier eine Beziehung aufzubauen, mit einem Regenwurm genauso wie mit einer Katze. Aber es gibt auch Vorlieben. Für das eine Kind ist ein Putzerfisch interessanter als ein kuscheliger Hund. Kinder orientieren sich auch an ihren Eltern und deren Vorlieben für bestimmte Tierarten oder Ängsten gegenüber Tieren.

Bei der Wahl eines geeigneten Heimtieres kommen je nach Alter des Kindes verschiedene Tierarten infrage. Folgende Regel ist hilfreich: Je jünger ein Mensch ist, umso größer sollte das Tier sein.

Warum ist das so?

Jüngere Kinder sind noch dabei, ihre motorischen Fähigkeiten zu entwickeln, und fassen kleine Tiere häufig ungewollt grob oder ungeschickt an. So werden kleine Tiere, etwa Meerschweinchen, oft falsch angehoben, ihre Mägen und ihre Atmung dabei behindert.

Studien zeigen, dass Kinder sich bei größeren Tieren wohl und beschützt fühlen. Forscher haben untersucht, welche Hundepersönlichkeiten Kindergartenkinder bevorzugen: Die wählten gerade jene Hunde auf Fotos aus, die stark, selbstbewusst und friedlich wirken, richtige Beschützertypen. Bei Hundebildern, die mehr die emotionale Ebene ansprechen, wählten die Kinder überwiegend Tiere aus, die eine kurze Nase, große Augen und ein puppenhaftes Gesicht hatten.

Was bedeutet das?

Auf emotionaler Ebene mögen jüngere Kinder zwar Tiere, die knuddelig, klein und süß sind, etwa Chihuahuas oder Kaninchen. Sicher und beschützt fühlen sie sich aber eher durch stark wirkende Tiere wie große Hunde. Wichtig ist, dass wir Erwachsenen ihnen vermitteln, dass auch die kleinen Tiere Persönlichkeit und Würde haben, unseren Respekt benötigen. Dies können Kinder ab etwa acht Jahren gut verstehen. Sie können auch bereits verantwortungsvolle Aufgaben bei der Versorgung von Kleintieren übernehmen.

Aber kann es nicht gefährlich sein, wenn so kleine Kinder mit großen

Entspannung

Geborgen und beschützt fühlen sich Kinder besonders von friedlichen und großen Hunden, die Stärke sowie Selbstbewusstsein ausstrahlen

Neugier

Wie alle Katzen geht auch Lola oft ihrer eigenen Wege, ist aber zur Stelle, wenn es interessant wird

Hunden spielen, ihnen an den Ohren ziehen oder ihnen sonstwie unabsichtlich Schmerzen zufügen?

Natürlich sollten Erwachsene nie zulassen, dass ein Tier bedrängt, drangsaliert oder verletzt wird. Kinder begreifen sehr schnell, wenn Erwachsene klare Regeln aufstellen. Die Kinder lernen von uns, dass weder Tier noch Mensch Schaden zugefügt werden darf.

Was ändert sich, wenn die Kleinen älter werden?

Der Forscherdrang nimmt zu. Zehnjährige wollen alles über Tiere wissen: Wie wachsen Kaulquappen, wo verstecken sich die Krallen der Katze, woran erkenne ich, ob ich ein Männchen oder ein Weibchen vor mir habe? Die Kinder sind dann sehr fasziniert, geduldiger und können Tiere bereits liebevoll mitversorgen. Für manche älteren Kinder wird ihr Heimtier dann auch zum sozialen Mittelpunkt, zum besten Freund, dem man alles erzählen kann: wie blöd die Eltern sind, dass die Lehrer keinen Durchblick haben und dass man gerade Kummer empfindet.

Brauchen Kinder ein Tier, mit dem sie kuscheln können? Oder können sie auch mit Fischen oder Echsen eine Beziehung aufbauen?

Die meisten Tiere mögen es, wenn wir mit ihnen sprechen – nicht, weil sie uns verstehen, sondern weil sich dabei unsere Körperhaltung entspannt und wir sie weniger mit den Augen fixieren.

Fische im Aquarium sind auch durchaus neugierig, wenn wir uns mit ihnen unterhalten, uns ihnen zuwenden. Für manche Kinder ist es daher sehr spannend, mit Fischen eine Beziehung aufzubauen. Wenn sich das Kind dann auch noch ein buntes T-Shirt anzieht, findet sich garantiert in jedem Aquarium mindestens ein Fisch, der lebhaftes Interesse zeigt, wenn das Kind für ihn singt oder ihm ein Buch zeigt mit schönen großen Bildern.

Dagegen sind die meisten Reptilien und anderen Terrarien-Tiere Einzelgänger und haben kaum Interesse an einem engen Kontakt.

Sind solche Tiere deshalb weniger geeignet für Familien?

Sie können trotzdem sehr wichtig sein, meist aber erst in der Pubertät. Gerade Jungs können dann zeigen, wie mutig sie sind, wenn sie sich um ein so exotisches Tier kümmern: eine Spinne, vor der jeder Angst hat, oder eine Echse, die sich nie bewegt, dann aber plötzlich nach einer Grille schnappt.

Diese Jugendlichen wollen kein Heimtier zum Kuscheln haben, sondern zeigen: Ich bin Experte, mir gelingt es, ein Tier zu versorgen, das hohe Ansprüche stellt. Oftmals geben sie sich sehr viel Mühe mit einer fachgerechten und zeitaufwendigen Pflege ihrer Tiere – und genießen es, dafür bewundert zu werden.

Wie können die Erwachsenen am besten entscheiden, welches Tier optimal zur Familie passt?

Sie sollten sechs Punkte bedenken.

Erstens: Welches Tier wollen wir uns finanziell und auch zeitlich leisten?

Zweitens: Können wir in unserer Wohnung genug Platz schaffen? Erlaubt unser Mietvertrag die Haltung? Wer kümmert sich um das Tier, wenn wir in den Urlaub fahren?

Drittens: Mögen wir Geräusche und Geruch des Tieres? Macht es uns etwas aus, dass es vielleicht Gassi gehen will, zwitschert oder fiept, während wir etwa lieber ausschlafen wollen?

Viertens: Tiere können das Familienleben über zehn bis 20 Jahre prägen – und müssen auch dann noch liebevoll versorgt werden, wenn sie alt und vielleicht krank sind. Wer wird sich um das Tier kümmern, wenn die Kinder schon aus dem Haus sind?

Fünftens: Weshalb will mein Kind ein Tier haben? Hat es wirklich Interesse an einem anderen Wesen, oder sucht es nur etwas Neues zum Spielen und verliert womöglich bald das Interesse?

Sechstens: Schaffen wir Eltern uns das Tier womöglich nur als Statussymbol an, um anderen zu zeigen, dass wir uns ein Pferd leisten können oder eine in Mode gekommene Hunderasse?

Dürfen Kinder da mitreden?

Sie sollten unbedingt altersgemäß einbezogen werden, schließlich wird über das künftige Familienleben entschieden. Welche Tierart ins Haus kommt, müssen aber die Eltern bestimmen – denn sie tragen später die Verantwortung für das Tier.

Vertrauen

Eine gute Beziehung zum Haustier drückt sich manchmal auch in ungewöhnlichen Ritualen aus

Gemeinschaft

Welche Tierart zur Familie gehören soll, müssen letztlich die Eltern bestimmen – aber der Nachwuchs sollte dabei mit einbezogen werden

Gibt es ein Risiko, dass Tiere Parasiten oder Krankheiten übertragen?

Wer regelmäßig beim Tierarzt ist, muss nicht viel befürchten. Katzenhalter sollten aber bedenken, dass manche Tiere den Erreger für Toxoplasmose in sich tragen – der kann für Ungeborene im Mutterleib gefährlich werden. Frauen sollten sich vom Arzt beraten lassen.

Wo finden Familien ein Tier?

In Zoo-Geschäften ist meist zu wenig Zeit, um ein Tier in Ruhe kennenzulernen, und deshalb entscheiden die Käufer oft vor allem nach dem Aussehen. Entscheidend für ein harmonisches Zusammenleben ist aber das individuelle Wesen eines Tieres: wie empfindlich es etwa auf Lärm reagiert, wie neugierig oder aggressiv es ist. So etwas zu erkennen, kostet Zeit.

Familien sollten deshalb in Ruhe bei einem Züchter oder im Tierheim auswählen, welche Tierpersönlichkeit zu ihnen passt. Das gilt nicht nur für Hunde und Katzen: Ich selbst habe zum Beispiel ein halbes Jahr gebraucht, bis ich für ein Projekt mit Krankenhauspatienten die geeigneten Kaninchen gefunden hatte.

Gute Züchter bieten Familien die Chance, die Tiere über Wochen immer wieder zu besuchen und sie besser kennenzulernen. Sind Eltern und Kinder unsicher, können sie sich auch von einem Experten beraten lassen, zum Beispiel in einer Hundeschule.

Bestimmte Katzen- und Hunderassen gelten als besonders kinderlieb. Gibt es tatsächlich derartige Unterschiede?

Zumindest bei Hunden sollten Eltern darauf achten, welche Wesenszüge in der Zucht betont wurden, und sich informieren, was das für das Familienleben bedeutet. Beispielsweise sieht es ein Hund mit starkem Hüte-Charakter als seine Aufgabe an, den Nachwuchs zu beschützen. Das erscheint auf den ersten Blick willkommen, kann aber schwierig werden, weil er die Kinder womöglich wie Schafe behandelt und sie damit nicht als selbstbestimmt agierend anerkennt. Das kann dann zu ernsthaften Problemen führen.

Wichtig scheint bei der Wahl von Hund und Katze zu sein, dass man das Verhalten der Elterntiere kennenlernt und sehen kann, ob etwa die Katzeneltern ihre Jungen entspannt und gelassen aufziehen und an den Umgang mit Menschen gewöhnen.

Ohnehin zögern viele Eltern, große Tiere ins Haus zu holen. Stattdessen wählen sie Kleintiere wie Meerschweinchen, Hamster oder Kaninchen.

Leider ist es genau so, dabei eignen sich Kleintiere wirklich nicht als Heimtiere. Denn anders als viele Menschen denken, stellen sie hohe Ansprüche an die Haltung. Hamster scheiden ohnehin aus, weil sie nachtaktiv sind. Ein Kind, dass einen Hamster tagsüber ständig stört, schadet dem Tier sehr.

Aber auch andere Arten leiden, weil sie in den Haushalten nicht artgemäß gehalten werden. Meerschweinchen und Kaninchen zum Beispiel brauchen Artgenossen, und zwar mehr als nur einen. Dann ist aber schon die Fläche eines halben Kinderzimmers

»Heimtiere akzeptieren Kinder – aber sie sehen sie nie *als gleichgestellt* mit Erwachsenen an«

Kreativität

Kinder im Grundschulalter haben einen großen Forscherdrang, wollen alles über Tiere wissen – und probieren mit ihnen oft auch fantasievolle Spiele aus

nötig, noch besser ein Außengehege. Diese Anlagen sind recht teuer, weil sie zusätzlich gegen Ratten und Füchse gesichert werden müssen.

Kinder wollen mit Nagern gern kuscheln, sie herumtragen oder auf den Schoß nehmen. All das versetzt diese Tiere nicht selten in Panik, da wir Menschen uns aus ihrer Sicht wie Greifvögel verhalten. Meerschweinchen teilen uns mit Fiep- und Brummlauten deutlich mit, wie sie sich fühlen.

Gibt es Erkenntnisse darüber, wie Tiere die Kinder wahrnehmen? Wie ordnen zum Beispiel Hunde diese kleinen Menschen ein?

Ganz gleich, ob wir von Wellensittichen, Mäusen, Katzen oder Hunden reden: Tiere sehen Kinder nie als gleichgestellt mit Erwachsenen an. Sie registrieren sehr genau, wer sie verlässlich mit Nahrung, Schutz und Zuwendung versorgt – das sind meist die Erwachsenen.

Als Teil der familiären Gemeinschaft werden Kinder aber akzeptiert. Hunde ordnen Säuglinge und Kleinkinder allerdings erst einmal ans Ende der Familienhierarchie ein. Damit die Tiere die Kinder als ranghöher erachten als sich selbst, müssen Eltern klar gegenüber den Kindern und Tieren kommunizieren: Das Kind steht unter unserem Schutz, dich vergessen wir aber nicht. Dann entspannt sich das Verhältnis, weil der Hund nicht um seinen Status fürchten muss. Klare Regeln für alle erleichtern das harmonische Zusammenleben.

Zum Beispiel?

Man muss deutlich abgegrenzte Bereiche schaffen: Haustiere dürfen niemals allein in ein Zimmer mit kleineren Kindern gelassen werden, Laufgitter können sinnvoll sein, um ein Baby kurzfristig vor einer Katzenpfote oder einer Hundeschnauze zu schützen – und sei es nur, solange der Erwachsene etwa auf der Toilette ist.

Gleichzeitig brauchen aber auch die Tiere Rückzugsorte, an denen sie für sich sein können. Diese Zonen müssen für Kinder absolut tabu sein, denn zur Not wehren sich die Tiere, wenn die Kleinen dort eindringen und die Ruhe des Tieres stören.

Lerne ich als Laie all diese Regeln auf einer Hundeschule?

Bei guten Hundetrainern ja. Leider gibt es noch viel zu wenig Fachleute, die die Mensch-Tier-Beziehung als zentralen Teil der Beratung sehen. Es wäre großartig, wenn es nicht nur Fremdsprachenschulen gäbe, sondern wir auch Institute hätten, wo wir Tiersprachen lernen könnten. Wir leben mit wunderbaren Wesen zusammen und wissen so wenig über ihre Bedürfnisse. Da lässt sich noch viel verbessern, damit das Zusammenleben unfallfrei und entspannt gelingt.

Viele Kinder wünschen sich zwar ein Haustier, beteiligen sich schon nach kurzer Zeit aber nicht mehr an dessen Versorgung. Wie sollen Eltern darauf reagieren?

Ich empfehle, so etwas wie einen Vertrag abzuschließen: Welche dem jeweiligen Alter entsprechenden Aufgaben kann das Kind übernehmen? Wann sollen sie erledigt werden? Und was geschieht, wenn andere Termine dazwischenkommen? Das sollte gemeinsam entschieden und dann aufgeschrieben werden. Dieser Vertrag kann zum Beispiel am Kühlschrank hängen, damit er bei Konflikten schnell zur Hand ist.

Wie können Eltern die Tierliebe ihrer Kinder unterstützen, auch wenn sie kein eigenes Tier anschaffen wollen?

Sie könnten im Wald, auf der Wiese und am Weiher nach Wild, Vögeln oder Insekten Ausschau halten und einzelne Tiere mit dem Fernglas oder einer Becherlupe ganz genau beobachten. Im Zoo oder in Wildparks können Eltern auch anregen, bei einzelnen Tieren länger zu verweilen, statt alle Gehege abzulaufen. Oder sie fahren übers Wochenende oder im Urlaub auf einen Bauern- oder Begegnungshof. Auch solche Kontakte mit Tieren können für Kinder wertvoll sein – selbst wenn sie nur zwei-, dreimal im Jahr stattfinden.

Besonders viel Freude haben Kinder, wenn sie sich auf eine Tierart spezialisieren dürfen und eine Tierpersönlichkeit gut kennenlernen und mitversorgen können. Das klappt zum Beispiel auch, wenn sie eine Patenschaft für ein Tier aus der Nachbarschaft übernehmen, zum Beispiel einen Hund.

In einem solchen Fall profitiert das Tier, weil mehrere Menschen unterschiedliche Unternehmungen mit ihm machen. Und das Kind erlernt auf diese Weise soziale und kommunikative Kompetenzen, die ihm helfen, selbstsicher mit Menschen und Tieren Beziehungen zu pflegen.

Klarheit

Oft wird das Verhältnis zwischen Mensch und Hund getrübt, weil der Vierbeiner nicht tut, was der Zweibeiner sich wünscht. Damit das Miteinander gelingt, ist vor allem eines wichtig: Signale müssen klar sein – und immer die gleichen

Sitz!

Das richtige Training für den Hund

Ihr Vierbeiner hört nicht auf Sie? Das liegt meist daran, dass Sie als Halter etwas falsch machen, sagt *Dr. Barbara Schöning.* Die *Tierärztin und Hundetrainerin* erklärt, worum es in der Beziehung zu dem eigenen Tier wirklich geht – und welche Regeln es zu beachten gilt

INTERVIEW:

Regina **Franke** und Bertram **Weiß**

•

FOTOS:

Achim **Multhaupt**

GEO WISSEN: *Frau Dr. Schöning, worauf sollte ich achten, wenn ich einen Hundetrainer suche?*

DR. BARBARA SCHÖNING: Wenn Sie einfach nur „Hundetraining" in eine Suchmaschine eingeben, werden Sie überhäuft mit Angeboten. Das Geschäft rund um den Hund ist in den letzten Jahren enorm gewachsen – auch weil „Hundetrainer" in Deutschland kein geschützter Titel ist. Mancher nennt sich so, weil er nach ein paar Jahren mit einem Hund glaubt, Bescheid zu wissen. Viele erfinden dann noch Fantasietitel wie „Hundepsychologe" oder „Hundetherapeut".

In jedem Fall sollte man überprüfen: Hat der Trainer eine Ausbildung? Welche Institution hat ihm ein Zertifikat verliehen? Und: Welche Trainingsphilosophie vertritt er?

Welche gibt es?

Grundsätzlich lassen sich zwei Ansätze unterscheiden: Die einen Trainer glauben, man könne einen Hund mittels Strafen abrichten, unerwünschtes Verhalten durch Dominanz unterbinden. Das sind die Vertreter alter Schule.

Zeitgemäß und wissenschaftlich fundiert ist aber das Mittel der positiven Verstärkung. Das bedeutet: Jedem unerwünschten Verhalten wird ein erwünschtes gegenübergestellt. Dieses wird dann intensiv trainiert, besonders in bestimmten Situationen. Dabei wird das erwünschte Verhalten regelmäßig belohnt, etwa mit einem Leckerchen. So kann der Hund lernen, wie er sich verhalten soll, statt dass man ihm einfach nur sagt, was er nicht tun soll.

Als Hundehalter sollte man sich bei einem persönlichen Termin vergewissern, wie der Trainer tatsächlich vorgeht. Das kann anders sein, als er auf seiner Webseite verspricht.

Wie gehen Sie vor?

Wie schon gesagt: Nur die positive Verstärkung kann zu einem guten Miteinander von Tier und Mensch beitragen. Denn im Umgang mit einem Hund geht es immer um Lernen. Und das Gehirn, gleichgültig ob bei Mensch

Platz!

»Der Aufwand für ein gute Erziehung wird oft unterschätzt«

oder Tier, lernt eben vor allem, wenn es belohnt wird.

Ist ein klares Nein denn schon eine Strafe?

Das kommt darauf an, wie Sie damit umgehen. „Nein" ist ein Wort, das in unserer Sprache eine bestimmte Bedeutung hat. Wir müssen die aber auch erst einmal erlernen. Genauso wie der Hund. Auch für den ist das Nein anfangs nur ein Geräusch. Wenn ich dieses akustische Signal in der Kommunikation mit dem Hund einsetzen will, dann muss ich es erst einmal mit einer Bedeutung versehen. Etwa: Wenn du dieses Geräusch vernimmst, dann hörst du auf mit dem, was du gerade tust, und zeigst mir ein anderes Verhalten.

Das Problem dabei: Wir Menschen stellen uns vor, ein Nein müsse immer und überall funktionieren. Hunden aber fällt es leichter, Signale ihrem jeweiligen Kontext zuzuordnen.

Was bedeutet das?

Der Anlass für ein Hundetraining ist ja oft, dass das Tier etwas tut, was der Halter nicht möchte: Gäste anspringen, Radfahrern nachjagen, am Tisch betteln. Wenn ich versuche, all das nur mit einem Nein zu unterbinden, ist viel Training nötig. Denn ein Hund kann ein Signal nicht ohne Weiteres auf alle möglichen Situationen übertragen. Einfacher ist es, jede Situation mit einem Signal zu verbinden und einem klar definierten positiven Ziel: Wenn Gäste kommen, gehst du in den Korb. Wenn ein Radfahrer sich nähert, läufst du neben mir. Wenn ich mich an den Tisch setze, legst du dich auf die Türschwelle.

Dr. Barbara **Schöning**

ist Tierärztin für Verhaltenskunde, betreibt mit einer Kollegin eine Hundeschule in Hamburg und ist Ratgeberautorin von »Hundeprobleme: Erkennen, verstehen und lösen« sowie »Hundesprache: Mimik und Körpersprache richtig deuten«.

Was sollte ein Hund mindestens können?

Das Grundrepertoire besteht für mich aus drei Dingen. Erstens: Jeder Hund sollte auf ein Signal trainiert sein, bei dem er sich seinem Halter zuwendet und schaut, wie der agiert und welche weiteren Signale er gibt.

Zweitens: Er sollte gewöhnt sein, locker an der Leine zu gehen. Der Halter führt den Hund, nicht umgekehrt.

Drittens: Der Hund sollte ein stationäres Kommando kennen, eines, bei dem er sich setzt oder legt und wartet.

Bei vielen Hundebesitzern kommt es vor, dass ihr Tier an der Straße nicht „Sitz" macht, obwohl es zu Hause wunderbar klappt.

Das zeigt, wie wichtig der jeweilige Kontext ist. Daheim ist der Hund entspannt, voll auf den Menschen konzentriert. An der Straße gibt es viele Reize, die ihn ablenken. Daher gilt es eben, Signale immer in vielen Kontexten zu üben und so eine Art generalisiertes Verhalten zu erreichen. Beispielsweise kann jeder Hundehalter mit seinem Tier „Sitz" in der eigenen Wohnung trainieren, während vom Smartphone Straßengeräusche zu hören sind. Allein das kann schon helfen.

Gelingt das ohne professionelle Anleitung?

Tatsächlich unterschätzen viele Menschen den Aufwand für eine gute Hundeerziehung. Wenn ein Tier nicht wie erwünscht reagiert, dann hat es nur zwei Gründe: Entweder der Besitzer hat ihm das Signal nicht sorgfältig genug beigebracht, oder er hat die Situation nicht ausreichend überblickt.

In unserer Schule sehe ich oft: Eigentlich muss der Mensch etwas lernen – nicht das Tier. Daher sollte sich jeder, der erstmals einen Hund besitzt, zumindest einige Stunden lang professionell beraten lassen. Das Training selbst kann er dann wunderbar allein machen. Es macht ja auch Spaß.

Ein gutes Hundebuch tut es nicht?

Als einzige Quelle: nein. Denn trotz des riesigen Angebots greifen viele Menschen doch zu den immer gleichen Büchern. Und die beliebtesten Ratgeber sind leider keineswegs die besten. Meist werden darin Prinzipien erläutert, die eben nicht auf wissenschaftlichen Erkenntnissen fußen – oder die längst überholt sind. Selbst für die Auswahl des richtigen Buches kann also etwas professionelle Anleitung nützlich sein.

Wie dürftig selbst das Wissen vieler Hundetrainer ist, hat eine Studie gezeigt. Britische Forscher haben kurze Videos von verschiedenen Verhaltensweisen bei Hunden gedreht und die dann 1500 vermeintlichen Experten gezeigt: Tierärzten, Hundetrainern und erfahrenen Hundebesitzern. Das Ergebnis war erschreckend: Aggressives Verhalten haben gerade einmal 30 Prozent erkannt; die anderen hielten es für Spiellust. Und: Es gab keinen Unterschied zwischen den drei Probandengruppen. Erfahrung allein genügt also nicht, es gehört fundiertes Wissen und eine konkrete Ausbildung dazu.

Woran hätten die Probanden den Unterschied erkennen können?

Wenn ein Hund auf und ab springt, kläfft, knurrt, dann kann das zweierlei bedeuten: „Spiel mit mir“ oder „Bleib weg“. Oberflächlich betrachtet, sieht das ähnlich aus. Man muss genauer hinschauen. Ob es wirklich spielerisch gemeint ist, kann man zum Beispiel daran erkennen, dass der Hintern immer mal wieder in die Höhe geht, die Vorderpfoten nach vorn gestreckt werden und der Hund ein Spielgesicht mit großen Augen und übertrieben aufgerissenem Fang zeigt.

Wenn ich mir in einer solchen Situation nicht ganz sicher bin – wie sollte ich mich dann verhalten?

Spürt ein Mensch Angst, geht ihm die Fähigkeit ab, auf Feinheiten zu achten. Keinesfalls sollten Sie weglaufen, denn das könnte Jagdverhalten auslösen. Besser ist es, den Blick abzuwenden, sich seitlich zum Hund zu drehen; dann Kopf neigen, Schultern hängen lassen und abwarten. Diese Haltung signalisiert: Ich will nichts Böses.

Und wie zeigt sich, dass der Hund Angst hat?

Dann legt er in der Regel die Ohren an, zieht die Lefzen zurück, reißt die Augen auf, der Schwanz senkt sich. Auch der Körper wirkt dann etwas geduckt, ja gedrungener. Und: Hunde meiden dann eher den direkten Blickkontakt, gucken etwas unstet hin und her.

Wie sollte ich einen fremden Hund begrüßen?

Die Grundregel lautet: ihn kommen lassen. Sie sollten abwarten, was das Tier tut. Hunde können weitaus besser als wir die Lage einschätzen, sich entspannen, wenn ihnen alles okay erscheint. Wenn das Tier sich dann langsam nähert, können Sie selbst ein wenig in die Knie gehen, die Hand ausstrecken und unter die Schnauze halten. Wenn der Hund das toleriert, können Sie die Hand vorsichtig am Unterkiefer entlangführen, immer langsam, bis Sie

Kontext

Wir Menschen stellen uns oft vor, ein Signal müsse immer und überall funktionieren. Hunden fällt es jedoch leichter, Signale einer konkreten Situation zuzuordnen

Belohnung

Wie viele gute Hundetrainer handelt Barbara Schöning – auch bei ihren Rhodesian Ridgebacks – nach dem Prinzip der »positiven Verstärkung«: nicht unerwünschtes Verhalten bestrafen, sondern erwünschtes belohnen schließlich mit der Hand an der Basis des Ohrs ankommen und ihn dort streicheln. Grundsätzlich gilt: Sie sollten sich nicht von oben über ihn beugen und die Hand nach ihm ausstrecken, wenn das Tier Sie noch nicht kennt.

Das wirkt dominant?

Ja, aber ich würde eher sagen „bedrohlich". Denn Dominanz ist ein großes, oft missverstandenes Wort. Es herrscht die Vorstellung vor, ein Hund sei ein Rudeltier, und deshalb müsse es einen Rudelführer geben, einen dominanten Häuptling. Unter Fachleuten spricht man aber eher von einer „Hundegruppe", in der sehr unterschiedliche soziale Beziehungen bestehen.

Einzelne Tiere können dabei aktiv sein und andere eher passiv, einige zeigen eher sicheres Verhalten, andere unsicheres. Es gibt keine Beobachtungen dazu, dass sich in einer Hundegruppe immer einer zum Chef entwickelt. Vielmehr verändern sich die Statusverhältnisse der Individuen zueinander im Minutentakt, abhängig vom Charakter, der sozialen Bindung und den jeweiligen Interessen.

Wer den Hund erziehen will, muss dessen Chef sein? Das ist ein Gedanke, bei dem man es sich einfach macht: Macht das Tier nicht, was ich will, dann versuche ich, es zu dominieren. Aber dieser Ansatz ist falsch.

Was ist stattdessen richtig?

Hunde bilden mit anderen Hunden, aber auch mit Menschen eine familiäre Struktur, in der jeder je nach Situation, je nach emotionaler Lage anders einzuordnen ist. Es sind Individuen, die einander kennen, wissen, wie sie aufeinander reagieren – und grundsätzlich zur Kooperation bereit sind, weil ihnen das Vorteile bringt. Eine solche Gruppe kann aus zwei Individuen bestehen. Es geht also um Verantwortung und Verständnis füreinander, um eine enge positive Bindung, nicht um Dominanz.

Wenn ein Hund in einer Familie lebt, gibt es aber doch oft eine Person, auf die das Tier eher hört.

Ja, aber das liegt nicht daran, dass sich diese Person eine „dominante Stellung" als Oberhaupt erarbeitet hätte. Vielmehr ist es ihr gelungen, eine enge, vertrauensvolle Bindung zu dem Tier aufzubauen. Das erkennt man auch daran, dass keineswegs einer von beiden immer bestimmt, was geschehen soll.

In welchen Situationen lasse ich den Hund selbst entscheiden?

Etwa wenn es darum geht, in welchem Raum er sich zu Hause aufhält. Oder auch, welche Strecke es beim Spaziergang werden soll, oder mit welchen Hunden er Kontakt haben möchte. Ein Halter sollte nicht immer denken: Das Tier muss dieses oder jenes tun. Sondern: Ist es für mich in Ordnung, was der Hund macht? Und wenn es sich nicht gut anfühlt, straft man nicht, sondern sucht nach einer Möglichkeit, mit der beide zurechtkommen.

Meine Hunde etwa mögen auf dem Sofa liegen – vielleicht, weil sie sehen, dass auch ich dort gern sitze. Das will ich aber nicht. Also habe ich ihnen beigebracht: Auf das Sofa dürfen sie nur, wenn eine Decke für sie dort liegt. Ist keine da, bleibt das Sofa tabu.

Müssen Hunde solche Dinge schon als Welpen lernen?

Natürlich ist das Gehirn während der frühen Entwicklung weitaus flexibler. Aber Sie können auch ausgewachsenen Tieren alles beibringen, es dauert halt womöglich länger. Zudem erweisen Sie dem älteren Hund durchaus einen Gefallen, wenn Sie neue Signale einüben.

Inwiefern?

Jedes Gehirn ist dafür geschaffen, neue Reize aufzunehmen. Häufig ist es eher so, dass man den Lernwillen der Hunde etwas bremsen muss. Es kann sein, dass sie so begierig danach sind, dass sie sich selbst überfordern. Da darf man als Halter nicht zu schnell immer wieder Neues erwarten.

Welche weiteren Irrtümer gibt es im Umgang mit Hunden?

Den größten Fehler begeht ein Halter, wenn er dem Tier keine Alternativen präsentiert. Wenn er also immer nur

Fein!

»Wir sollten konsequent sein – konsequent freundlich!«

Grundregeln

Jeder Hund sollte zumindest ein paar Signale befolgen, zum Beispiel ein »stationäres Kommando«: ein Handzeichen, bei welchem er stillhält und abwartet verbietet, droht, aber dem Tier nicht zeigt, was er sich stattdessen wünscht. Auf der Straße werden Sie viele Menschen sehen, die ihre Hunde immer wieder mit einem Ruck an der Leine zurückhalten. Damit halten sie den Hund vielleicht auf, aber es bleibt offen, wie er sich besser verhalten soll.

Wenn ein Hund zerrt, können Sie zum Beispiel anhalten, sich dicht an ihn heranstellen, warten, bis er sich wieder etwas zurück in Ihre Richtung orientiert – und ihn dann für die jetzt lockere Leine belohnen, indem Sie weitergehen. So lernt er allmählich: Ziehen ist nicht gut; ich sollte besser nahe bei meinem Menschen laufen, sodass die Leine stets locker ist.

Und wie belohne ich am besten?

Bei vielen Hunden funktioniert ein Leckerchen besonders gut. Aber auch eine Berührung, ein Kraulen, ein sanftes Wort empfinden die meisten Hunde als Belohnung. Die sollte aber kurz sein, akkurat definiert. Nicht als schwelgerisches Kuscheln.

Und wichtig ist: Wir Menschen wollen gern kontrollieren. Wir denken bestenfalls ans Belohnen, wenn wir konkret trainieren. Doch wir sollten vielmehr darauf achten, dem Tier unsere Anerkennung zu zeigen, wenn es sich gerade einfach so verhält, wie wir es uns wünschen. Wenn es zum Beispiel mal entspannt unter dem Tisch liegt, verdient auch das eine Belohnung.

Wie wichtig ist es, beim Belohnen konsequent zu bleiben?

Tatsächlich bringt es nichts, ein erwünschtes Verhalten des Tieres mal zu beachten, mal nicht. So schwer es uns fallen mag: Eine enge Bindung zum Hund wird nur dann gelingen, wenn der Mensch ihm ein zuverlässiger Partner ist, zugewandt, aufmerksam und berechenbar.

Viele Halter neigen leider dazu, sich an einem Tag so zu verhalten, an einem anderen anders. Und dann wundern sie sich, dass ihr geliebtes Tier es auch tut. Eine gute Hunde-Mensch-Beziehung basiert darauf, dass der Mensch konsequent ist – und zwar konsequent freundlich!

Genau das ist ja auch die Chance, die eine Beziehung zu einem Hund bietet: Im Zusammenleben mit dem Tier kann der Mensch seine eigenen Fähigkeiten schulen – und seine Persönlichkeit dadurch immer weiter entwickeln. ‹

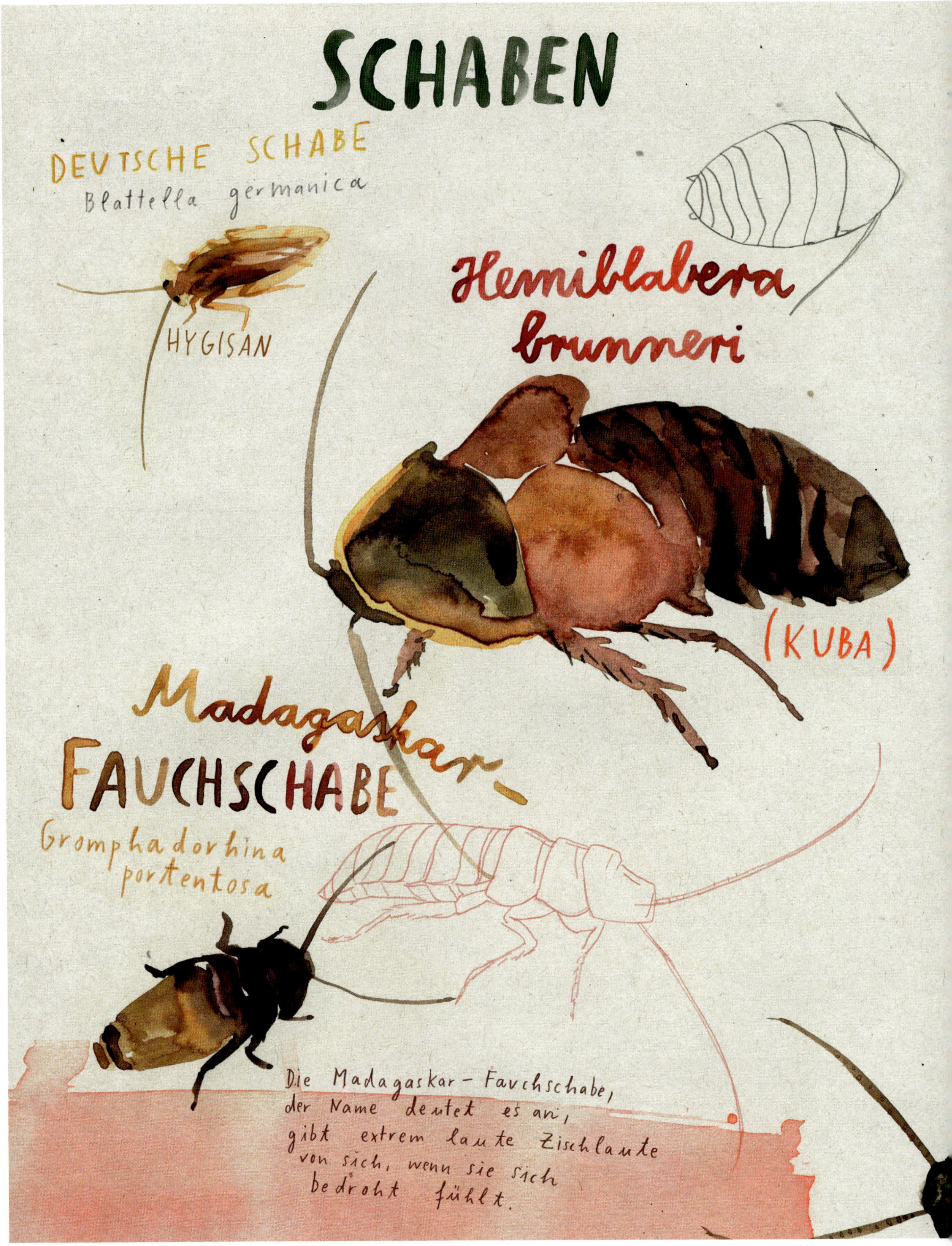
SCHABEN
DEUTSCHE SCHABE
Blattella germanica
HYGISAN
Hemiblabera brunneri
(KUBA)
Madagaskar-FAUCHSCHABE
Gromphadorhina portentosa
Die Madagaskar-Fauchschabe, der Name deutet es an, gibt extrem laute Zischlaute von sich, wenn sie sich bedroht fühlt.

das große krabbeln

Gewöhnliche Haustiere hat jeder, dachte sich Anja Rützel – und bestellte Schaben im Internet. Als Hunde- oder Katzenersatz versagen die Insekten zwar, doch sie sind höchst anspruchslos und nahezu unverwüstlich. Wenn nur das nächtliche Knacken und Rumoren im Schlafzimmer nicht wäre

TEXT:

Anja **Rützel**

•

ILLUSTRATIONEN:

Rinah **Lang**

Menschenfreunde

Mehr als 4600 Schabenarten gibt es weltweit, die meisten in den Tropen. Die auch Kakerlaken genannten Tiere finden in unseren Behausungen oft ideale Lebensbedingungen

Wenn 50 Schaben gleichzeitig fauchen, klingt es wie das Meer vor Hawaii. Neigt man allerdings seinen Kopf ein bisschen zu weit in Richtung Schabendomizil, mäuselt erst fahler Fäulnisgeruch, dann volle Vermuffung in die Nase. Paradieswogen und Kloake, so nah beieinander wie sonst nirgendwo, das ist typisch Schabe.

Kein anderes Tierchen polarisiert so wie das sechsfüßige Tracheenwesen. Die meisten Menschen finden Schaben schlicht schäbig. Rigoros trampeln sie sogar mit den guten italienischen Kalbslederslippern auf ihnen herum, wenn sie überraschend über den Küchenboden flitzen, und fahren in wilder Ausrott-Entschlossenheit völlig überzogene Giftarsenale auf.

Doch es gibt auch Menschen wie Oliver, für den sind Schaben die schönsten und faszinierendsten Tiere der Welt. Und die idealen Haustiere. Ich sitze bei Oliver in seiner kleinen Wohnung in Erfurt, er kramt in einer Plastikkiste mit 50, vielleicht auch 100 Schaben, das ist schwer zu sagen, weil sie nicht still sitzen, um sich vernünftig zählen zu lassen.

Wenn der Schabenfreund hineinfasst, klingt es wie brandende Gischt: Pssssssschhhhhh! Die Madagaskar-Fauchschabe, der Name deutet es an, gibt extrem kräftige Zischlaute von sich, wenn sie sich bedroht fühlt.

Oliver hält Schaben nicht, um sie an Reptilien zu verfüttern, sondern um ihrer selbst willen. Das ist in Deutschland ein relativ neuer Trend. Vor allem die größeren Arten, wie die Fauchschaben, werden seit etwa zehn Jahren auch als Schauinsekten gehegt und gepflegt.

Anja **Rützel**

hat eine Vorliebe für Tierbetrachtungen – versammelt sind einige in ihrem Buch »Saturday Night Biber«.

Rinah **Lang**

war überrascht, wie gern sie sich künstlerisch mit den vermeintlichen Ekeltieren beschäftigt hat.

Ich kann mir gut eine Parallelerde zur unsrigen vorstellen, auf der die Menschen sich nicht seit Jahrhunderten am Entwickeln, Bewahren und Verfeinern von Hunderassen ergötzen, sondern den gleichen Ehrgeiz in die Schabenzucht legen und an besonders klammen, fauligen Wetterumschwungtagen stolz wie Oskar mit ihren aufgepudelten Prachtschaben durch dic städtischen Parkanlagen flanieren.

Vor allem die etwas größeren Madagaskar-Fauchschaben seien ideale Haustiere, sagt Oliver. Völlig unbegreiflich für ihn, warum entnervte Eltern nicht einfach eine Handvoll dieser Krabbler anschaffen, wenn der Nachwuchs nach einem Tierchen quengelt.

Ein durchaus patenter Ansatz, doch man muss sich nicht sehr weit aus dem Fenster lehnen, um zu prognostizieren, dass in deutschen Kinderzimmern noch ziemlich lange knopfäugige Flauschtiere über unkaputtbare Chitinpanzer triumphieren werden.

Schaben benötigen dringend eine vernünftige Imagekampagne, um die breite Streichelmasse für sich zu begeistern.

Ich hingegen brauche keine zehn Minuten, um mich vom Vorteil domestizierter Schaben voll und ganz überzeugen zu lassen und der ranschmeißerischen Niedlichkeit gängiger Schmiegetiere abzuschwören. Erstens spricht mich der Unverwüstlichkeitsaspekt an, weil ich schon sehr viel Zeit mit kränklichen oder im Überschwang gegen einen Baum gerannten Hunden in Tierarztwartezimmern verbracht habe.

Das zweite, gewichtigere, weil geheimnisvollere Pro-Schaben-Argument: die Ahnung, dass sich mit ihnen eine ungeahnte Parallelwelt auftun könnte. Eine, die im Dunkeln liegt, in den Wandritzen und Bodenspalten.

Eine ähnliche Faszination müssen die Tausende empfinden, die sich in Deutschland für Schlangen, Spinnen oder Stabheuschrecken im heimischen Wohnzimmer begeistern.

Schon die schiere Schabenvielfalt an sich ist überwältigend genug, um uns Menschen zu beeindrucken. Weltweit existieren mehr als 4600 Arten, allerdings sind nur 20 in Europa heimisch.

Neben der Madagaskar-Fauchschabe, die als Mini- und als Riesenausgabe existiert, gibt es zum Beispiel die Gemeine Küchenschabe, die Bä-

»Wenn der Schabenfreund *in die Kiste fasst, klingt es wie brandende Gischt:* Psssssschhhhhhh!«

Äußerlichkeiten

In Statur und Erscheinung sind Schaben sehr variantenreich. Seit etwa zehn Jahren halten Liebhaber hierzulande sie auch in Terrarien – vor allem größere Spezies

ckerschabe, die Amerikanische Großschabe, die Braunbandschabe, die Australische Schabe, die Lapplandschabe, die Waldschabe und die Turkestanische Schabe (die auch als Schokoschabe bekannt und ein beliebtes Futtertier ist, da sie leicht zu züchten ist und extrem anspruchslos lebt).

Es gibt die Deutsche Schabe, die in Russland „Preuße“, in Tirol „Russe“, in Süddeutschland „Franzose“ oder „Schwabe“ genannt wird, es gibt Totenkopfschaben und Orientalische Schaben – das ist die allgemein gefürchtete Kakerlake, obwohl dieser Name auch für eine Reihe anderer Schabenarten gebraucht wird, die nahe beim Menschen wohnen und sich über seine Vorräte hermachen.

So unterschiedlich die Lebensräume und Lifestyles der Schaben – fauler Baumstamm, altes Fernsehergehäuse oder Wüstendünen –, so verschieden sind auch ihre Gesellschaftssysteme. Manche Schaben leben als Einzelgänger, die nur zur Paarung kurzzeitig die Gegenwart einer anderen Schabe dulden, andere in sozialen Familienverbänden.

Manche Schaben haben eine Lebenserwartung von 100 Tagen, andere, wie die Große Wühlschabe oder Rhinozerosschabe, können zehn Jahre alt (und 35 Gramm schwer) werden, die größten messen bis zu acht Zentimeter, die kleinsten nur fünf Millimeter.

Auf dem Heimweg aus Erfurt kaufe ich im Zug sofort online bei einem Schabendealer ein. Leider muss ich eine etwas größere Population ordern, um den Mindestbestellwert zu erreichen, obwohl neben der gewöhnlichen Madagaskar-Art schon ein paar kostspieligere Riesenfauchschaben im Warenkorb liegen.

Danach bestelle ich noch ein paar Terrarien, Einstreu und anderes Schabenzubehör wie einen kleinen, künstlichen Büffelschädel als Deko, außerdem das Standardwerk „For the Love of Cockroaches“ von Orin McMonigle.

Drei Tage später treffen die 25 bestellten Tiere plus 15 Bonus-Schaben in früheren, nun leeren Kartoffelsalatbottichen bei mir ein. Ich verbringe zunächst viel Zeit damit, ihnen zuzuschauen, wie sie ihre Umgebung mit schwankenden Wobbelantennen ausloten und flink mit ihren glänzenden Lakritzkörpern davonhuschen, wenn ich in den Kartoffelsalatbottich fasse.

Am Abend recherchiere ich die Geschichte meiner neuen Wohnungsgenossen: Die ältesten Schabenfossilien sind zehnmal so alt wie die frühesten menschenähnlichen Funde. Schaben waren also lange vor uns da. Kaum vorstellbar, was diese Tiere alles schon überstanden haben.

Zu wissen, dass sie in ihrer heutigen Form bereits auf der Erde existierten, noch ehe es die ersten Dinosaurier gab, zu wissen, dass sie die Entstehung der riesigen Öl- und Kohlevorkommen der Welt bezeugen konnten, und zu wissen, dass der erste Mensch, der entstanden war, sie schon lebendig umherkriechend vorgefunden hatte: Das nötigt mir eine zögerliche Form des Respekts ab. Aber nun, wo sie plötzlich da sind, draußen auf dem Flur in der Kartoffelsalatdose, bin ich mir nicht mehr sicher, ob diese Mensch-Schaben-Vergesellschaftung tatsächlich eine so gute Idee war. Ich träume schlecht.

Am Morgen füttere ich die Schaben mit Hundekuchen, Löwenzahn und einem Stück Banane. Vorsichtshalber lese ich dann doch nach, ob ich bei der Schabenfütterung etwas beachten muss – anscheinend nicht: Forscher haben im Hirn amerikanischer

Schaben antibiotisch wirkende Stoffe entdeckt, die tödliche Bakterien unschädlich machen können. Also sollten Bananenscheiben an der Grenze zum Schmodder kein Problem sein.

Dann bringt der Paketdienst endlich die Terrarien, und ich kann meine Schaben auf die drei Glaskästen verteilen, die ich mit Kokosmulch, Büffelschädel, ansprechenden Plastikblumen sowie einem verzweigten Tunnelsystem ausstatte, das ich aus leeren Klopapierrollen konstruiert habe.

Ich schlage mein Schabenbuch auf und lese ein neapolitanisches Sprichwort: „Ogni scarrafone è bello a mamma sua" – „Jede Schabe ist für ihre Mutter schön."

Als ich nachts im Bett liege, kann ich die Schaben knacken und rumoren hören. Die gleichen Geräusche würden wahrscheinlich unfassbar behaglich und einschläfernd auf mich wirken, wenn ich wüsste, dass sie von mürbe gestriegelten Zwergeselfohlen beim Zermalmen ihrer Wochenration Würfelzucker veranstaltet würden.

So aber kann ich nicht schlafen.

Dabei sind Schaben längst nicht die fiesen Virenschleudern, für die sie oft gehalten werden, sagt Joseph G. Kunkel, Biologieprofessor an der University of Massachusetts: „Es ist viel wahrscheinlicher, dass wir Menschen Viren oder Bakterien auf die Schaben übertragen, als umgekehrt."

Auf seiner Webseite hat der extrem schabenfreundliche Dr. Kunkel 83 Fragen zusammengestellt, die verunsicherte Kakerlaken-Konfrontierte ihm im Laufe seiner Forschung zugeschickt haben. Frage 6: „Warum sterben Kakerlaken in Rückenlage?"

Tun sie eigentlich gar nicht, antwortet Dr. Kunkel – zumindest nicht die wildlebenden Exemplare. Schaben, die in Häusern gestorben sind, werden oft in Rückenlage gefunden, weil sie womöglich auf dem glatten Parkett- oder Steinboden ausgerutscht sind, für

»Es ist wirklich erholsam, sich in Gesellschaft von Schaben **gemütlich zu Hause einzumummeln«**

den ihre Füßchen nicht gemacht sind, und sich nicht mehr aus ihrer misslichen Lage befreien konnten.

Mich persönlich interessiert ein indisches Forschungsprojekt mehr, das die Möglichkeit nahelegt, dass wir uns irgendwann von Schabenmilch ernähren könnten. Die Pazifische Käferschabe, eine der Arten, die keine Eier legt, sondern ihren Nachwuchs direkt als Babyschaben auf die Welt bringt, ernährt diese Babys nämlich mit einer nahrhaften Flüssigkeit, die dreimal mehr Protein als Büffelmilch enthalte.

Bevor ich meine Schaben melken werde, würde ich ihnen vorher doch gern auf anderem Wege etwas näherkommen. Um sie mir vertrauter zu machen, gebe ich ihnen Namen. Die Rampensau, die immer ganz vorn an der Scheibe klebt, nenne ich Stefan Schaab, die professoral wirkende Altschabe hinten links Jürgen Schabermas, das Exemplar daneben ist nun der Schab von Persien (oder Lawrence von Schabrabien, da schwanke ich noch). Als Nächstes taufe ich Schabnetha, Schabifried, Borky und Hörn, die zusammen die Band SCHABBA haben. Dann fällt mir nichts mehr ein, und es sind noch reichlich namenlose Krabbler übrig.

Bei anderen Tierarten fällt die Namenstaufe leichter. Vor allem bei Hunden scheinen viele Menschen ja nicht mal fünf Minuten lang nachzudenken, welcher einzigartige Name ihres neuen besten Freundes würdig sein könnte. Ich besitze noch immer den leidlich verknitterten Zettel, auf dem ich mir die besten Namen vom Besuch

Sozialverhalten

Dass ihr Haustier vereinsamen könnte, müssen Schabenbesitzer auf Urlaubsreisen nicht fürchten. Unruhe erzeugt schon eher der Gedanke, die Tiere könnten sich derweil ungeplant vermehren

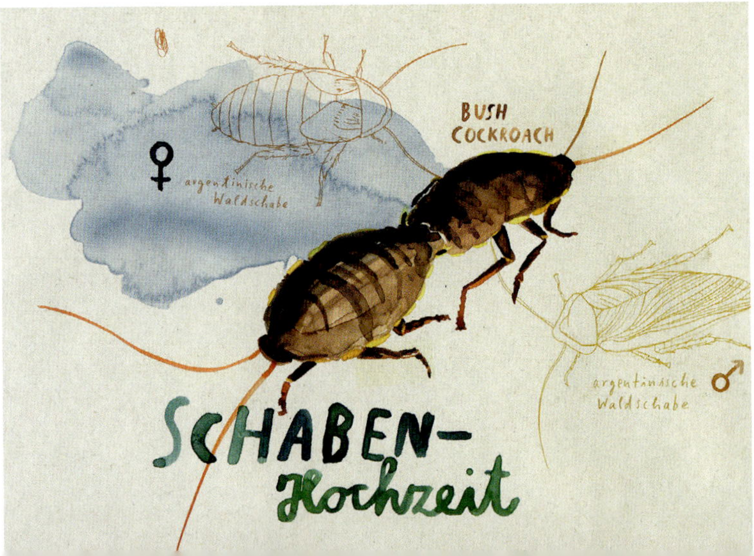

Ernährung

Gegessen wird, was zwischen die Mundwerkzeuge kommt: Von Aas bis Totholz verschmähen Schaben praktisch nichts. Besonders beliebt bei den Tieren der Autorin: Honigmelone

einer Hundeausstellung notiert hatte: Amaretto Dream Adam (Collie), Jaguar-Amaranth (Dackel), Playboy Philibert (Zwergpudel), High Roller Cash Money Millionair *(sic!)* (Bullmastiff) und Obama (Zwergschnauzer).

Zu den Schaben habe ich bis jetzt bei aller Mühe leider kein annähernd so inniges Verhältnis aufgebaut, wie Hundehalter es vermutlich zu ihren Tieren pflegen. Schon allein, weil ich bei jeder Wochenendreise fürchtete, dass es den Schaben derweil in meiner Wohnung zu warm werden könnte, worauf sie sich unerlaubt fortpflanzen würden.

Z

Zur Wahl des US-Präsidenten haben sie mir immerhin gezeigt, dass sie mehr wissen als wir. Ich hatte am Wahltag eine kleine Arena aufgebaut und zwei Häuschen mit den offiziellen Symbolen der beiden Kandidaten versehen: einem Hosenanzug für Clinton, einer Orange für Trump.

Schabowski, das wegen der politischen Namenstradition ausgewählte Tier, zögerte nur einen Moment, nachdem ich es in die Mitte der Orakelarena gesetzt hatte, dann stellte es den noch zu erfolgenden Wahlvorgang derart originalgetreu pantomimisch nach, dass es ihm der größte Eurythmie-Gigant nicht hätte gleichtun können: Zielstrebig ging es zunächst zum Clinton-Häuschen und halb hinein – um dieses dann völlig ohne Not wieder zu verlassen, den ungeschützten Weg quer durch den Karton zu wählen, schnurstracks in das Trump-Häuschen zu trippeln und das Orangen-Hüttchen dann sogar zu erklimmen.

Damit war Schabowski quasi der einzige Sachverständige, der alles genauso kommen sah, wie es Stunden später tatsächlich geschah. Es waren noch nicht alle Stimmen ausgezählt, da legte ich ihm schon ehrfürchtig ein großes Stück Honigmelone in das Terrarium, sein Lieblingsessen.

Arglos erzählte ich einer Nachbarin im Treppenhaus von meinen Schaben. Erst ihre Reaktion erinnerte mich wieder daran, dass bei der Beurteilung von Haustieren unverhohlener Lookismus praktiziert wird: Es gibt einfach Tiere, die man gemeinhin für zu hässlich befindet, um sich freiwillig mit ihnen zu umgeben.

Hinzu kommt: Die derbe Gewöhnlich- und Alltäglichkeit einer Schabe passt nicht in eine Kultur, in der immer etwas Neues, Tolles passieren muss, in der Tamtamzwang und Erlebnisdruck ganz normal geworden sind. Man macht sich dummerweise ja selbst diesen Druck, statt ein Wochenende einfach mal zu verliegen und nichts zu tun, nach Schabenart im Zwielicht.

Mit Schaben erlebt man nämlich noch weniger als mit einem altersschwachen Meerschweinchen. Dafür entspannt es, ihren sinnlosen kleinen Rangeleien hinter der Glasscheibe zuzusehen, lauter vielbeinigen Ballettvariationen des Sturms im Wasserglas.

Ich habe es ausprobiert und kann sagen: Es ist wirklich erholsam, in Gesellschaft von Schaben die Gesellschaft des Spektakels zu verweigern, sich nicht deshalb zu Hause einzumummeln und im Sofakokon zu verschanzen, um ein spektakulärer Schmetterling zu werden, sondern um ganz ungestört die eigene, unspektakuläre Verschabung voranzutreiben.

Schabenbesitz erdet. Er lehrt Demut. Denn ganz egal, wie weit die technische Entwicklung des Menschen noch fortschreiten wird: Gegen kleine Nervviecher wie die Schaben wird er höchstwahrscheinlich niemals ankommen. Sie repräsentieren die dunklen, versteckten, manchmal vielleicht auch ein bisschen ekligen Seiten, die selbst die instagramigsten Menschen an sich haben, aber meistens ganz gut verbergen können.

Vielleicht ist gegenseitige Duldung mitunter auch schon genug, eventuell müssen sie aber doch zu einem Freund übersiedeln, der vages Interesse bekundet hat, mal sehen. So lange füttere ich sie trotzdem öfter mal mit Honigmelone, wie mir eine fremde Frau im Internet riet, sie lieben das.

Und da höre ich jetzt einfach mal auf mein Fauchgefühl. ◂

Flug der Allergene

Wenn Tiere, wie dieser Basset, sich schütteln, fliegen unweigerlich Haare, Hautschuppen und Speichel in der Umgebung herum. Und damit Eiweißmoleküle, die bei vielen Menschen allergische Reaktionen auslösen

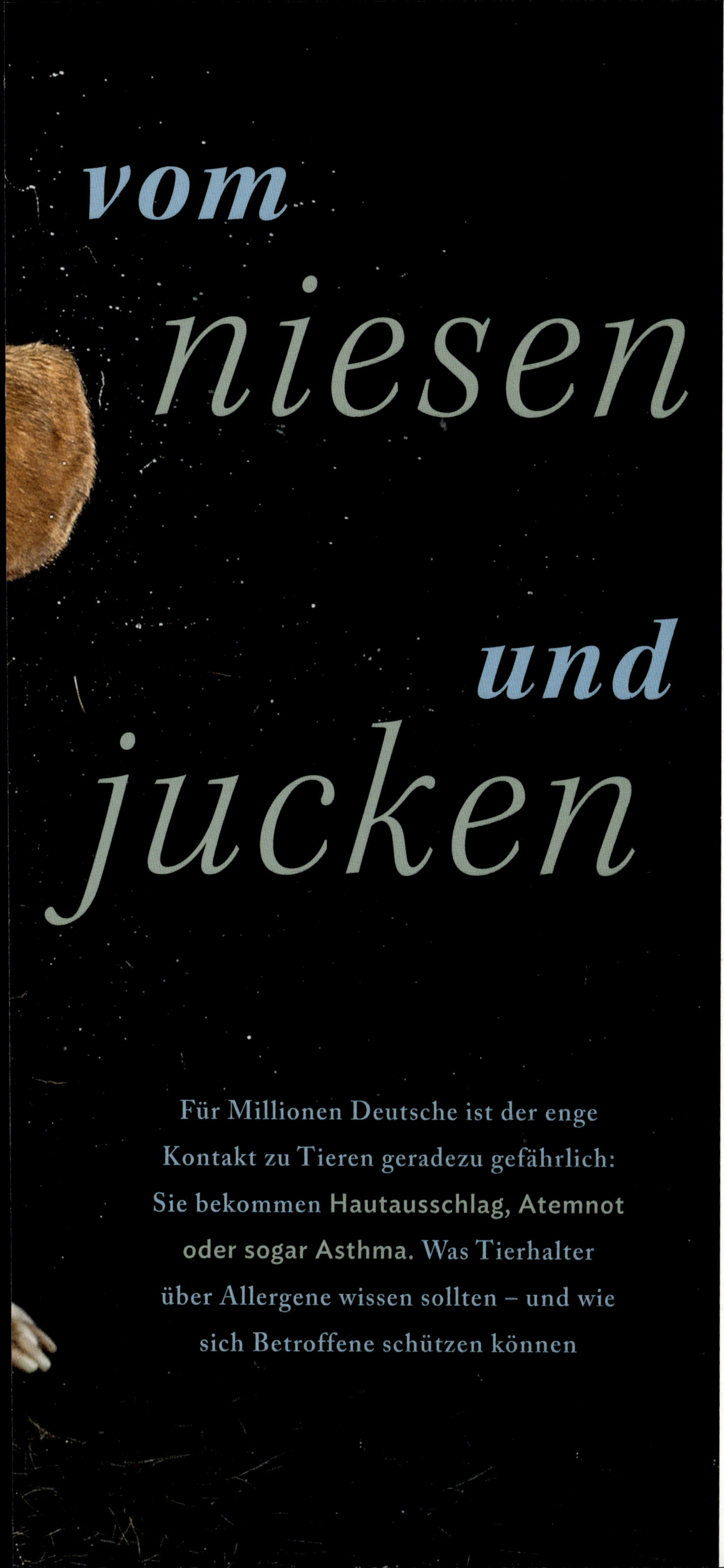

vom niesen und jucken

Für Millionen Deutsche ist der enge Kontakt zu Tieren geradezu gefährlich: Sie bekommen Hautausschlag, Atemnot oder sogar Asthma. Was Tierhalter über Allergene wissen sollten – und wie sich Betroffene schützen können

TEXT:

Martina **Keller**

•

FOTOS:

Carli **Davidson**

S

Seit Jennifer Winkel* einen Freund mit Katzenallergie hat, sind Besuche bei ihren Eltern anstrengend geworden. Denn Jennifers Eltern leben mit sieben Katzen zusammen. Wenn die 35-Jährige dort war, säubert sie noch im Elternhaus ihre Kleider mit einer Flusenrolle, schüttelt ihr Haar und wäscht sich die Hände. Wieder zu Hause, legt sie im Flur alle Kleider ab, stopft sie direkt in die Waschmaschine und wäscht sich erneut die Hände. Erst dann kriegt ihr Freund einen Begrüßungskuss.

Wenn sie die Prozedur vergisst und sich so zu ihm setzt, merkt er das gleich, weil seine Nase zu kribbeln und die Augen zu tränen beginnen. Nicht mal Bücher kann sie bei ihren Eltern ausleihen. Sobald sie eines aufschlägt, bekommt er einen Asthmaanfall.

Heutzutage müssen viele Menschen ähnlich vorsichtig sein: Nur gegen das Einatmen von Baum- und Gräserpollen sowie Hausstaubmilben sind mehr Deutsche sensibilisiert als gegen Tierhaare. Wobei genau genommen nicht die Haare von Katze, Hund oder Meerschweinchen das Problem sind, sondern daran haftende Eiweiße, auf die das Immunsystem überempfindlich reagieren kann, sogenannte Allergene.

* Name von der Redaktion geändert

Die Tiere scheiden die Stoffe über Schweiß, Talg, Speichel oder Urin aus oder geben sie über ihre Hautschuppen ab. Zehn Prozent der Bevölkerung sind gegen Tierallergene sensibilisiert, haben also Antikörper in ihrem Blut.

Das bedeutet noch nicht, dass die Betroffenen auch krank sind – doch haben sie ein erhöhtes Risiko, es im Laufe ihres Lebens zu werden.

Von einer Allergie sprechen Experten erst, wenn ein Patient Symptome zeigt wie Schnupfen, tränende Augen, Ausschlag oder gar Asthma.

Weshalb genau die Tierallergene im Körper diese Reaktionen hervorrufen, ist noch unbekannt. Eines aber ist gewiss: „Prinzipiell kann man auf jedes Tier allergisch reagieren“, sagt die Biologin Christiane Hilger, die Tierallergene und deren Wirkung erforscht. Am häufigsten sind Allergien gegen Hund oder Katze, was damit zusammenhängt, dass dies die beliebtesten Haustiere sind – 22 Prozent der deutschen Haushalte halten Katzen, 17 Prozent Hunde.

Kleinere Säuger wie Kaninchen, Hamster oder Meerschweinchen finden sich in sechs Prozent der Haushalte. Und auch dort sind allergische Reaktionen bekannt.

Jennifer Winkels Freund reagiert derart sensibel auf Allergene, dass er auch im Beruf beeinträchtigt ist. Wenn er als Sozialarbeiter zu Klienten in die Wohnung muss, erkundigt er sich zuvor, ob sie eine Katze besitzen. Ohne seine Medikamente, vor allem Mittel gegen Asthma, geht er nicht aus dem Haus.

Selbst an Orten, wo sich keine Tiere aufhalten, kann er Beschwerden bekommen. Denn die Allergene werden überallhin verschleppt: Sie verteilen sich nicht nur über Tierhaare an Kleidung, sondern verbreiten sich auch über die Luft, indem sie sich an Staubpartikel heften. Sie werden in Bussen, Hotels, Kinos, Gaststätten, Krankenhäusern und Schulen gefunden.

Katzenallergene wurden selbst in der Scott Base nachgewiesen, einer Antarktisstation auf der Ross-Insel, die noch nie eine Katze betreten hat.

Eine schwedische Studie mit mehr als 2000 Schulkindern offenbarte, wie leicht sich die Moleküle weithin verbreiten: In Klassen mit vielen Katzenhaltern war die Konzentration des wichtigsten Katzenallergens in der Luft fast fünfmal so hoch wie in solchen mit wenigen. Und Kinder ohne Haustier, die morgens frische T-Shirts anzogen, hatten binnen weniger Stunden Allergene auf ihrer Kleidung.

Die Moleküle wurden auf diese Weise aus der Schule auch in die katzenfreien Haushalte verschleppt: In den Matratzen der Kinder, die viele Klassenkameraden mit Katzen hatten, fanden sich deutlich erhöhte Konzentrationen. An manchen schwedischen Schulen gibt es deshalb inzwischen Klassen nur für Kinder ohne Tiere.

Viele Betroffene hoffen, ihre Allergie könnte eines Tages von selbst wieder verschwinden. Doch dafür gibt es keine wissenschaftlichen Belege. Allerdings können die Symptome einiger Patienten im Laufe der Zeit schwächer werden. Unstrittig ist, dass manche Hunde- oder Katzenallergiker auf bestimmte Tiere stärker reagieren als auf andere.

Mit der Rasse hat das laut Christiane Hilger wenig zu tun, eher mit Unterschieden zwischen Individuen. „Wenn man 50 Hunde einer Rasse anschaut, kann die Allergenproduktion um den Faktor 100 schwanken“, sagt die Biologin. Außerdem könne ein und dasselbe Tier im Jahresverlauf mal mehr, mal weniger Allergene absondern.

In keinem Fall sollten Betroffene darauf vertrauen, dass Rassen, die als „allergikerfreundlich“ angeboten werden, etwa Orientalische Kurzhaarkatzen oder Portugiesische Wasserhunde, ihnen gar nicht zu schaffen machen.

Martina **Keller**

hat sich auf medizinische Themen spezialisiert; für ihre Arbeiten ist die Hamburger Autorin mehrfach ausgezeichnet worden.

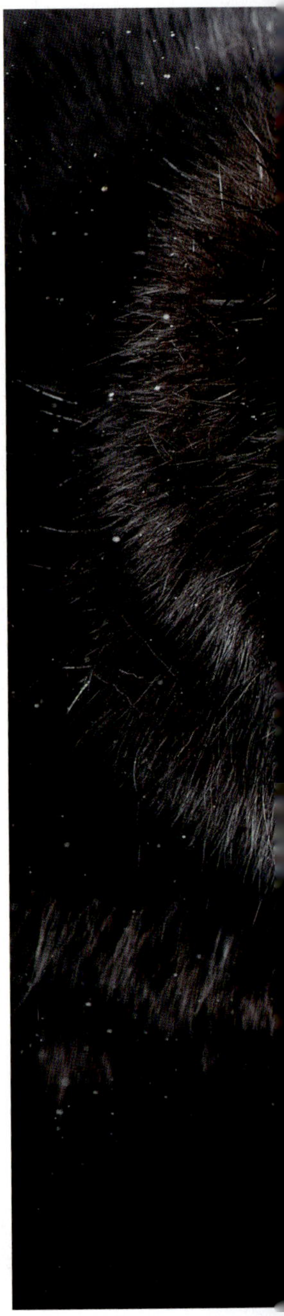

Alle Tiere geben **Allergene ab –** aber nicht alle **gleich viele**

Reizende Begleiter

Manche Hunde- und Katzenrassen werden als »allergikerfreundlich« beworben. Solche Aussagen sind bislang allerdings nicht wissenschaftlich belegt

Pferdefreunde mit Allergie können indes hoffen: Beobachtungen legen nahe, dass die nordamerikanische Rasse Bashkir Curly Horse, die mitunter als Reittier angeboten wird, womöglich weniger reizend wirkt als manche andere Rasse. Ob sich der Unterschied belegen lässt und wie viele Allergene beim Putzen oder Reiten freigesetzt werden, untersucht derzeit ein Team der Ruhr-Universität Bochum.

Eines aber ist heute schon gewiss: Wer als Kind auf einem Bauernhof aufgewachsen ist, ist sein Leben lang besser gegen Tierallergene geschützt. Dieser Effekt gilt für alle Arten von Sensibilisierung, auch die gegen Hund und Katze, und ist durch mehr als 40 Studien belegt.

Erika von Mutius, Kinderallergologin an der Ludwig-Maximilians-Universität München, hat den Zusammenhang als eine der Ersten untersucht. Zwei Faktoren hat sie ausgemacht, die zum Schutz beitragen: wenn Kinder von klein auf viel im Stall sind – und regelmäßig Rohmilch trinken. Ihr Risiko, allergisch auf Tiere zu reagieren oder an Asthma oder Heuschnupfen zu erkranken, ist dann deutlich reduziert.

„Wir nehmen an, dass dies damit zu tun hat, dass die Kinder einer Vielzahl von Substanzen ausgesetzt sind, die ihr Immunsystem anregen“, sagt Erika von Mutius. Sogar vorgeburtlich zeigt der Stall Wirkung: Vor allem, wenn Schwangere mit verschiedenen Nutztieren wie Schweinen, Schafen oder Rindern zu tun haben, erkranken

Zusammen leben

Manche Allergiker können durchaus selber Tiere halten; bei einer nur schwach ausgeprägten Erkrankung lassen sich die Symptome meist gut durch Medikamente lindern

ihre Kinder in den ersten beiden Lebensjahren seltener an Neurodermitis; diese Hautkrankheit wird wie eine Allergie durch eine überschießende Reaktion des Immunsystems ausgelöst.

e

Eine allgemeingültige Empfehlung lässt sich aus diesen Erkenntnissen allerdings nicht ableiten. Zweimal im Jahr Ferien auf dem Bauernhof – das reicht nicht aus, um einen Schutzeffekt zu erzielen. Und Rohmilch, die vermutlich wegen ihrer Molkenproteine einer Sensibilisierung entgegenwirkt, ist für Stadtkinder nicht automatisch eine gute Wahl, weil sie manchmal Krankheitskeime enthält. Auf ein unbeschwertes Leben in Gesellschaft von Tieren bereitet nur viel Zeit auf Höfen in sehr jungen Jahren vor. Auch deshalb entstehen neuerdings in Deutschland Kindergärten auf Bauernhöfen.

Ein Schutz in jungen Jahren kann vor vielen Beschwerden im Erwachsenenalter bewahren. Denn wer auf eine Tierart reagiert, hat oft auch ein Problem mit einer anderen. Mediziner sprechen von Kreuzallergie: Bestimmte Tierallergene sind einander so ähnlich, dass die gleichen Antikörper sie erkennen und abwehren.

Katzen- und Hundeallergiker reagieren zum Beispiel oft auf andere Felltiere wie Meerschweinchen, Ratte, Maus, Kuh oder Pferd. Pferdeallergiker wiederum sind mitunter auch gegen Hunde und Katzen empfindlich.

Wichtig zu wissen: Katzenallergiker können, wenn auch sehr selten, Symptome bekommen, wenn sie rohes oder nicht durchgegartes Schweinefleisch essen, etwa Salami, Schinken, und auch rosa gebratenes Schweinefilet. Der Grund ist ein Allergen, das im Blut beider Tiere in ähnlicher Form vorkommt. Mediziner sprechen vom Cat-Pork-Syndrome, das nicht auftritt, wenn das Fleisch ausreichend erhitzt wird.

d

Da Allergien mitunter komplex sind, ist eine korrekte Diagnose wichtig – der Arzt erfragt zunächst die Krankengeschichte. Danach kann eine Hautuntersuchung den Verdacht erhärten: Beim „Pricktest“ werden Allergenlösungen in winzigen Tröpfchen auf den Unterarm gegeben. Anschließend pikt der Mediziner an diesen Stellen durch die Haut und beobachtet, ob sie rot wird und eine Quaddel entsteht. Er kann auch durch eine Blutuntersuchung prüfen, ob sich Antikörper gebildet haben.

GUT ZU WISSEN

Prophylaxe

Eine frühe Exposition mit möglichen Allergenen kann im späteren Leben zu einem Schutz führen: gut dafür geeignet sind Kindergärten auf Bauernhöfen.

Diagnose

Bei allergischen Symptomen ist eine ausführliche ärztliche Untersuchung unumgänglich: Viele Patienten leiden an Kreuzallergien, sie reagieren auf verschiedene Tierarten.

Therapie

Bei schweren Symptomen hilft nur: Abstand halten. Zur Not muss sich ein Halter von seinem Tier trennen.

Mancher Tierhalter lässt sich aber erst durch einen sogenannten Provokationstest davon überzeugen, dass sein Liebling der Grund seiner Beschwerden ist: Dabei werden Allergene in die Nase gesprüht. Kommt es rasch zu typischen Symptomen wie Niesen oder Augentränen, ist der Beweis erbracht.

Die einzige Therapie, die womöglich dauerhaft Linderung bringen könnte, ist die Hyposensibilisierung. Dabei werden dem Körper über einen längeren Zeitraum steigende und schließlich hohe Dosen des Allergens verabreicht, sodass er sich allmählich daran gewöhnen kann und die Überempfindlichkeit nachlässt.

Einigen Studien zufolge könnte die Hyposensibilisierung bei Katzenallergikern wirken. Allerdings wird sie bislang nur Patienten empfohlen, die selber kein Tier besitzen. Wer eines hat, riskiert in seltenen Fällen starke Nebenwirkungen, bis hin zu Asthmaanfällen oder dem gefährlichen anaphylaktischen Schock.

Wenn ein Tierallergiker nur schwache Symptome im Kontakt mit Tieren zeigt, kann er sie mit einem Kortison-Nasenspray und Antihistamin-Tabletten zu dämpfen versuchen – und dadurch sogar ein Haustier halten.

Entwickelt ein Betroffener aber Asthma, lautet die Empfehlung: den Kontakt zum Tier meiden.

Das ist oft nicht leicht. Der Allergologe Dr. Jörg Kleine-Tebbe erlebt in seiner Praxis immer wieder, wie schwer es Tierhaltern fällt, sich von ihrem tierischen Freund zu trennen: „Es ist nicht damit getan, dass man sagt: Die Katze muss weg. Das ist meist ein Drama in mehreren Akten."

Jörg Kleine-Tebbe schlägt dann zum Beispiel vor, das Tier bei Nachbarn oder Freunden unterzubringen. Nicht immer dringt er damit durch: „Manche Menschen trennen sich eher von ihrem Partner als von ihrer Katze."

Jennifer Winkel, deren Freund so stark auf Katzen reagiert, ist mit den Tieren aufgewachsen. Wenn sie bei ihren Eltern ist, kann sie manchmal nicht umhin, eine Katze auf den Arm zu nehmen und zu streicheln.

„Im Prinzip hätte ich gern selber eine", sagt sie und lacht: „Aber im Moment ziehe ich meinen Freund vor." ◂

IMPRESSUM

Gruner + Jahr GmbH & Co KG, Druck- und Verlagshaus, Am Baumwall 11, 20459 Hamburg. Postanschrift der Redaktion: Brieffach 24, 20444 Hamburg Telefon 040/37 03-0, Telefax 040/37 03 56 48 Internet: www.geo-wissen.de

CHEFREDAKTEUR
Michael Schaper

STELLVERTRETENDE CHEFREDAKTEURE
Claus Peter Simon; Rainer Harf

ART DIRECTION
Torsten Laaker

TEXTREDAKTION
Bertram Weiß (Konzept dieser Ausgabe); Patrick Blume, Tilman Botzenhardt, Maria Kirady, Sebastian Witte

BILDREDAKTION
Carla Rosorius (Leitung)
Katrin Trautner; Dorit Eichmann, Ulrike Jürgens

VERIFIKATION
Bettina Süssemilch; Regina Franke, Dr. Götz Froeschke, Susanne Gilges, Stefan Sedlmair

LAYOUT
Lena Uphoff

SCHLUSSREDAKTION
Ralf Schulte; Antje Poeschmann, Olaf Stefanus

GESCHÄFTSFÜHRENDE REDAKTEURIN
Maike Köhler

TECHNISCHER CHEF VOM DIENST
Rainer Droste

REDAKTIONSASSISTENZ
Ümmük Arslan, Angelika Fuchs, Helen Oqueka, Anastasia Mattern, Thomas Rost

HONORARE/SPESEN
Angelika Györffy, Andreas Koseck

VERANTWORTLICH FÜR DEN REDAKTIONELLEN INHALT
Michael Schaper

PUBLISHER
Dr. Gerd Brüne

PUBLISHING MANAGER
Toni Willkommen

EXECUTIVE DIRECTOR DIRECT SALES
Heiko Hager, G+J Media Sales

VERANTWORTLICH FÜR DEN ANZEIGENTEIL
Daniela Krebs, Director Brand Solutions, G+J e|MS, Am Baumwall 11, 20459 Hamburg. Es gilt die jeweils aktuelle Preisliste. Infos hierzu unter: www.gujmedia.de

DIRECTOR DISTRIBUTION & SALES
Torsten Koopmann, DPV Deutscher Pressevertrieb

MARKETING
Kristin Niggl

HERSTELLUNG
G+J Herstellung, Heiko Belitz (Ltg.), Oliver Fehling

Der Export der Zeitschrift GEO WISSEN und deren Vertrieb im Ausland sind nur mit Genehmigung des Verlages statthaft. GEO WISSEN darf nur mit Genehmigung des Verlages in Lesezirkeln geführt werden.

BANKVERBINDUNG:
Deutsche Bank AG Hamburg, IBAN DE30200700000032280000, BIC DEUTDEHH.
Heft-Preis: 10 Euro (mit DVD: 16,50 Euro).
ISBN 978-3-652-00657-6 (978-3-652-00659-0)

ISSN 0933-9736
Litho: 4mat Media, Hamburg
Druck: Mohn Media Mohndruck GmbH, Gütersloh
Printed in Germany

GEO-LESERSERVICE
Fragen an die Redaktion
Tel.: 040/37 03 20 84 Fax: 040/37 03 56 48
E-Mail: briefe@geo.de

ABONNEMENT- UND EINZELHEFT-BESTELLUNG
Kundenservice und Bestellungen
Anschrift: GEO-Kundenservice, 20080 Hamburg
E-Mail: geo-service@guj.de
Tel. innerhalb Deutschlands: 040/55 55 89 90
Tel. außerhalb Deutschlands: +49/40/55 55 89 90
Telefax: +49/1805/861 80 02*
24-Std.-Online-Kundenservice: www.meinabo.de/service
Preis Jahresabonnement: 20,00 € (D; Studenten 12,00 €), 22,80 € (A; Studenten 13,68 €), 33,00 sfr (CH; Studenten 22,32 sfr).
Preise für weitere Länder auf Anfrage erhältlich.

Bestelladresse für GEO-Bücher, GEO-Kalender, Schuber etc.:
GEO-Versand-Service, 74569 Blaufelden
Tel.: +49/40/422 36427
Fax: +49/40/422 36663
E-Mail: guj@sigloch.de

*14 Cent/Min. aus dem deutschen Festnetz, Mobilfunkpreis max. 42 Cent/Min.

BILDNACHWEIS/COPYRIGHT-VERMERKE
Anordnung im Layout: l. = links, r. = rechts,o. = oben, m. = Mitte, u. = unten

TITEL
verw. Fotos: Rachael McKenna/Gallery Stock; Eric Issele/stock.adobe.com; Eric Issele/Masterfile

EDITORIAL
Benne Ochs für GEO WISSEN: 3 r. o.

INHALT
siehe entsprechende Seiten

DIE MACHER
Theron Humphrey: l. o.; Stephan Pflug: r. o.; Carl Undéhn: m., Benne Ochs: l. u.; Albina Maks: r. u.

EINE GANZ BESONDERE VERBINDUNG
Jayanti Seiler/www.jayantiseilerphotography.com: 8/9; Brice Portolano: 10–11; Patrick Lux: 12, 13 o.; Patrick Lux/Getty Images: 13 u.; Heidi und Hans-Jürgen Koch: 14/15; Cameron Bloom/www.penguiunbloom.com: 16–17; Anne Gabriel-Jürgens für GEO WISSEN: 18–19; Arabella Carter-Johnson: 20–21; Diana Bagnoli/LUZ: 22/23; Rafael Heygster: 24–25

DIE MENSCHENVERSTEHER
Shaina Fishman: 28–34

VON DER KUNST, EINEN WALLACH ZU ZÄHMEN
Anne Gabriel-Jürgens für GEO WISSEN: 38–42

VERSCHMUST, VERTRAUT – UND DOCH EIN WENIG FREMD
Seth Casteel: 44/45; Carolyn Lagattuta/Stocksy: 46, 49, 51; Felicity Berkleef: 47, 48; R. Richter/Tierfotoagentur/mauritius images: 50

SCHNURREN, MURREN UND MIAUEN
Andrius Burba: 52–54; außer: Peter Roslund: 55

GEFLÜGELTE FREUNDE
Tamara Staples/Getty Images: 56 o., 57, 58 o., 60 r.o.; Tamara Staples: 56 u., 58 u., 59, 60 l.o., 60 u.

DER WILL NUR SPIELEN!
Carli Davidson: 62–68

DER BLICK IN DIE SEELE
Alexander von Reiswitz: 70–78

WENN TIERE ZU VERTRAUTEN WERDEN
Theron Humphrey: 80–86; außer: privat: 82 u.

VIEL SCHLAUER ALS GEDACHT
Brad Wilson/www.bradwilson.com: 90–97

WELCHES TIER FÜR MEIN KIND?
Ana Rosenberg: 100–105; außer: Ina Celmer: 102 u.

SITZ! DAS RICHTIGE TRAINING FÜR DEN HUND
Achim Multhaupt für GEO WISSEN: 106–110

DAS GROSSE KRABBELN
Illustration: Rinah Lang für GEO WISSEN: 112–117

VOM NIESEN UND JUCKEN
Carli Davidson: 118–122

WENN DAS HAUSTIER ZUM ARZT MUSS
Linda Kuo: 124, 126 o., 127, 128, 133 o., 135; Tobias Gerber/laif: 125; Luigi Avantaggiato: 126 u., 129; Margo Silver/Getty Images: 132; Dirk Eisermann/laif: 133 u.; Renee Lynn/Corbis/VCG/Getty Images: 134

DER LANGE WEG BIS ZUM ENDE
Catherine Panebianco: 138–140; außer: Frank May/dpa Picture Alliance: 140 o.

GEKLONTER GEFÄHRTE
Scott Olson/Getty Images: 142; Seoul National University/ Getty Images: 143 o.; Roberto Caccuri/Contrasto/Redux/laif: 143 m.

DARF ICH SCHNITZEL ESSEN?
Regina Hügli für GEO WISSEN: 144–148

DIE SACHE MIT DEM HUND
Benne Ochs für GEO WISSEN: 150–153

patienten

INTERVIEW:

Martin **Pfaffenzeller** und
Bertram **Weiß**

Sicherer Start

Wer einen tierischen Gefährten bei sich aufnimmt, sollte dessen Gesundheit möglichst umgehend ärztlich überprüfen lassen

mit flügeln und pfoten

Wie erkenne ich, ob mein Hund krank ist? Was zeichnet eine gute Tierarztpraxis aus? Welche Behandlungen für Kleintiere sind sinnvoll – und was kann ich tun, um die Gesundheit meiner Katze zu schützen? Prof. Dr. Michael Fehr, Klinikleiter an der Tierärztlichen Hochschule Hannover, beantwortet die wichtigsten Fragen zu Vorsorge und Krankheiten, Parasiten und Wunden

GEO WISSEN: *Herr Professor Fehr, ein Haustier kann nicht sagen: „Es tut weh." Wie merkt der Halter, dass es zum Arzt muss?*

PROF. DR. MICHAEL FEHR: Ein Hund macht sich in der Regel bemerkbar, wenn er leidet: Er jault etwa, verzieht das Gesicht oder ist an einer Körperstelle berührungsempfindlich.

Bei Kleintieren wie Katzen, Hamstern, Meerschweinchen oder Kaninchen sind Schmerzen dagegen für die Halter deutlich schwieriger zu erkennen. Die Tiere bewegen sich seltener oder nicht mehr und kauern vermehrt in einer Käfigecke. Auch verweigern sie die Nahrung oder reagieren nicht auf den Besitzer.

Weitere Anzeichen für Schmerzen sind, wenn die Tiere auf der Seite liegen und strampeln, krampfen oder auch nur die Ohren hängen lassen oder die Bauchdecke hochziehen.

Wann sollte man mit dem Tier spätestens zum Arzt gehen?

Problematisch ist, dass die Unterscheidung zwischen einem Unwohlsein und einer schweren Erkrankung auch für den Fachmann schwierig sein kann.

Der Laie vermag selbst schwerwiegende Erkrankungen oft nicht zu erkennen, weil nur subtile Krankheitssymptome vorliegen.

Deshalb gilt generell: Jeder Halter sollte möglichst rasch eine tierärztliche Praxis aufsuchen, wenn sich sein Tier auffällig oder anders als gewohnt verhält.

Bei einem Hund kann sich zum Beispiel der Magen verdrehen, dann trinkt und frisst er nicht und kann auch nicht mehr erbrechen. Wenn der Besitzer übersieht, dass etwas nicht stimmt, ist es dann zuweilen schon nach wenigen Stunden zu spät – und das Tier stirbt.

Genau hinsehen

Nicht jeder Mediziner kennt sich mit jeder Tierart gleich gut aus. Wer eine Praxis sucht, sollte daher auch andere Tierhalter nach ihren Erfahrungen fragen

Wie finde ich einen guten Tierarzt?

Man sollte nicht blauäugig in die erstbeste Praxis laufen. Am besten informiert man sich im Vorfeld im persönlichen Gespräch mit anderen Tierhaltern: Wo warst du mit deinem Tier? Warst du zufrieden? Wenn ja, was war gut, wenn nicht, warum?

Im Regelfall arbeiten Tierärzte mit kleineren Praxen wie die Hausärzte in der Humanmedizin: Sie kümmern sich vor allem um Allgemeinuntersuchungen, Prophylaxemaßnahmen und Impfungen – bei komplizierten Krankheiten aber überweisen sie die Tiere an einen Spezialisten oder eine Klinik. In den meisten Kleintierpraxen ist für die Diagnose von Erkrankungen zumindest ein Röntgen- oder Ultraschallgerät vorhanden.

Die beim Tierarzt vorgestellten Tiere sind vergleichbar mit Privatpatienten – das heißt, der Besitzer kommt für die Kosten der Behandlung auf. Es gibt zwar in Deutschland einige Tierkrankenkassen, allerdings sind wegen der Höhe der Monatsbeiträge viele Tierbesitzer nicht bereit, eine derartige Versicherung abzuschließen.

Die Preise für die erbrachten tierärztlichen Leistungen werden in einer Gebührenordnung geregelt. Für jede Leistung wird darin ein bestimmter Betrag festgelegt. An die Mindestsätze sind alle Tierärzte gebunden.

Mancher Tierhalter wundert sich aber, dass eine Behandlung, etwa die Kastration einer Hündin, bei einigen Tierärzten rund 150 Euro, bei anderen aber mehr als 400 Euro kostet.

Die Unterschiede sind auf die mit dem Eingriff verbundenen konkreten Leistungen zurückzuführen, etwa die Art der Narkose.

Ein gewisser Spielraum entsteht allerdings auch bei Eingriffen am Feiertag oder in der Nacht. Je nach Aufwand können Tierärzte die Gebühren variieren, indem sie den einfachen, zweifachen oder dreifachen Satz berechnen. Hinzuzuzählen sind auch vorherige Untersuchungen und die angewendeten Medikamente.

Die Variation hängt also vom Aufwand der Behandlung ab – denn selbst bei gleicher Diagnose und Therapie kann die individuelle Behandlung unterschiedlich schwierig sein. Deshalb sollte sich jeder von seinem Tierarzt genau erklären lassen, welche diagnostischen Maßnahmen oder Behandlungen dieser beabsichtigt und was das kosten wird – am besten im Vorfeld.

Wie kann man den Arztbesuch so gestalten, dass er für das Tier möglichst wenig Stress bedeutet?

Das fängt schon beim Hinweg an: Katzen, Kaninchen oder andere Kleinsäuger müssen meist in einer Box transportiert werden. Die Halter sollten ihr Tier schon frühzeitig an die Box gewöhnen, damit sie die dunkle Kiste nicht als Bestrafung wahrnehmen und dadurch vielleicht Panik bekommen. Mit einem Hund kann man vor einem Tierarztbesuch in der Gegend um die Praxis spazieren gehen, dann lernt er die Gerüche dort kennen.

In der Praxis wird das Tier auf den Untersuchungstisch gehoben, ein fremder Mensch fasst es an oder hält es sogar fest. Das bedeutet Stress für jedes Tier. Jeder Tierarzt oder Tierarzthelfer kennt aber bestimmte Griffe, um die Tiere sanft festzuhalten, damit sie sich sicher fühlen und nicht beißen, kratzen oder strampeln können.

Welche Tiere machen Ärzten die größten Probleme?

Chinchillas, Kaninchen und Degus sind schwierige Patienten, weil sie stets flüchten wollen. Ratten, Mäuse, Frettchen oder Hörnchen beißen häufig unter Stress zu, Katzen ebenfalls.

Diese Tierarten muss man deshalb etwa mit einem Tuch umwickeln und so fixieren, oder man versucht, sie abzulenken. Dazu kann man dem Frettchen beispielsweise eine wohlschmeckende Futterpaste anbieten, die Tiere entspannen dann beim Nuckeln und vergessen den Stress.

Hunde sind in der Regel unkomplizierte Patienten. Nur wenige sind hochaggressiv, weil sie zum Beispiel als Wachhund ausgebildet wurden oder Angst haben. Da der Arzt diese Hunde nicht anfassen kann, ist die körperliche Untersuchung unmöglich. Wenn diese Hunde gar nicht zu beruhigen sind, muss man sie zunächst aus der Ferne betäuben, etwa mit einem Blasrohr.

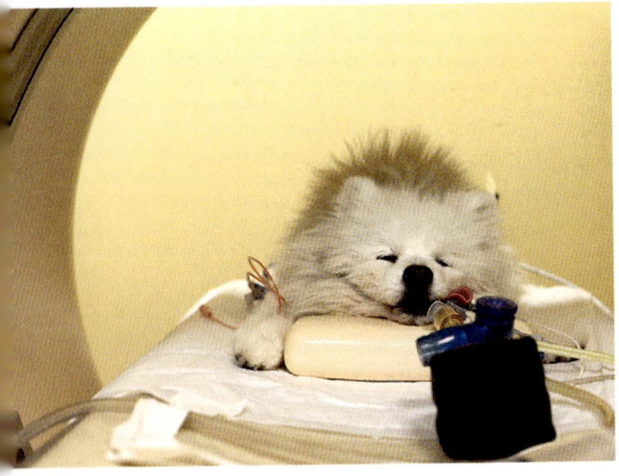

Intensivmedizin

Viele Menschen sind bereit, auch aufwendige Untersuchungen und Therapien für ihre Tiere zu bezahlen – selbst wenn das deren Leben nur für wenige Monate verlängert

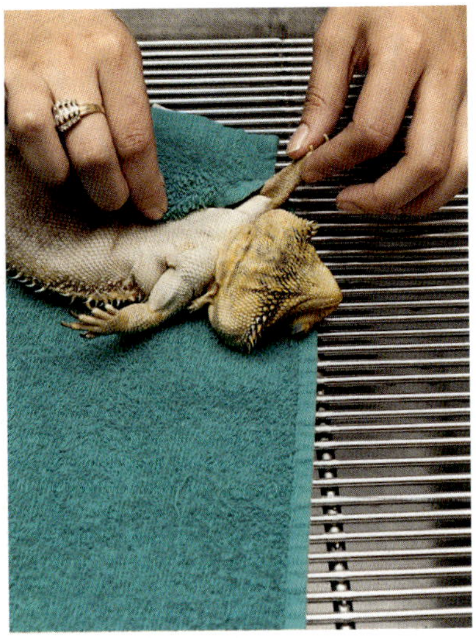

Expertise

Die meisten Praxen behandeln ein breites Spektrum von Krankheiten und Tierarten. In komplizierten Fällen können sie an spezialisierte Kollegen oder Kliniken überweisen

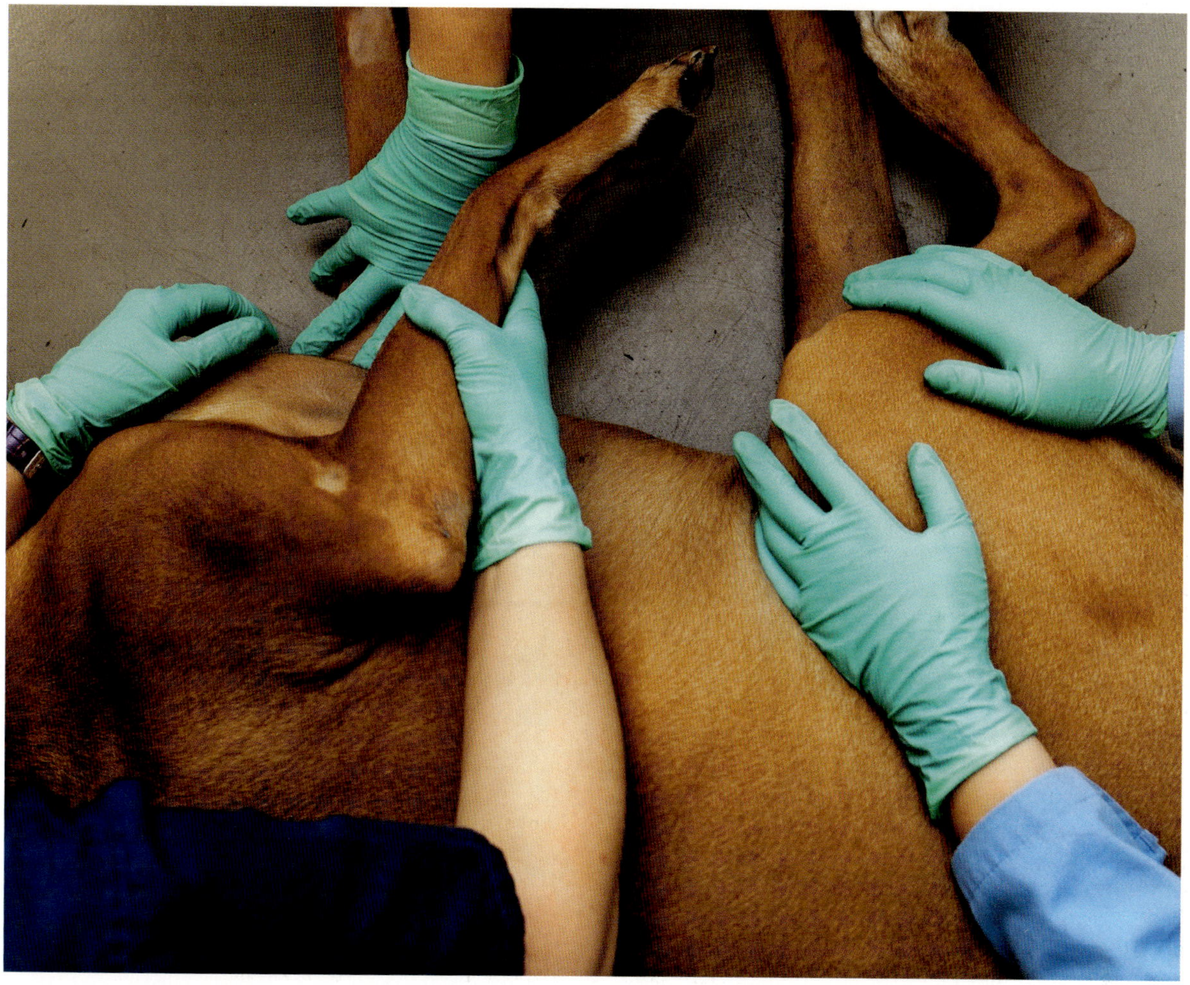

In guten Händen

Untersucht zu werden bereitet vielen Tieren Stress. Ärzte kennen aber bestimmte Griffe, um ihre Patienten sanft festzuhalten, sodass sie sich während der Behandlung sicher fühlen

Selbst schwere Krankheiten zeigen sich oft nur an subtilen Symptomen

Wie häufig sollte ich ein Tier, das keine sichtbaren Beschwerden hat, zum Arzt bringen?

Eine erste Untersuchung empfiehlt sich direkt nachdem man das Tier gekauft hat. Der Arzt wird das Tier allgemein untersuchen und möglicherweise auch prüfen, ob angeborene Erkrankungen, etwa am Herzen, vorliegen. Nach der Erstuntersuchung ist ein erneuter Besuch nach einem halben Jahr ratsam. Dabei kann auch die Entnahme einer Blutprobe oder eine Kot- und Urinuntersuchung notwendig werden, um einen möglichen Parasitenbefall des Tieres abzuklären.

Bei der Gelegenheit wird der Arzt stets auch eine Allgemeinuntersuchung vornehmen: dazu gehört die Kontrolle von Körpertemperatur, Blutdruck, Puls und Atmung. Es hat sich bewährt, diese Untersuchungen mit einem Impftermin zu koppeln.

Sollte ich mein Tier denn impfen lassen?

In Deutschland gibt es keine Impfpflicht für Haustiere. Wer jedoch mit seinem Tier ins Ausland verreisen will, muss dabei den sogenannten Heimtierpass vorweisen, in dem unter anderem nachgewiesen wird, dass das Tier gegen Tollwut geimpft wurde.

Daneben bestehen je nach Tierart bestimmte Impfempfehlungen, die beim Paul-Ehrlich-Institut eingesehen oder beim Tierarzt erfragt werden können. Eine Leitlinie zur Impfung von Kleintieren fasst den aktuellen Kenntnisstand zusammen. Unabhängig davon befürworte ich grundsätzlich die möglichen Impfungen.

Weshalb?

Wenn Menschen aus Angst vor Nebenwirkungen ihr Tier nicht mehr impfen

Vorbereitung

Schon im Wartezimmer können Besitzer dazu beitragen, dass ihr Tier beim Arzt entspannt bleibt: etwa indem sie Vögel in einem abgedeckten Käfig vor dem Anblick von Katzen schützen

lassen, können sich Krankheiten wieder ausbreiten, die hierzulande eigentlich besiegt sind, beispielsweise die Tollwut. Das Risiko, an einer Infektion zu erkranken, steigt in letzter Zeit, da zunehmend ungeimpfte Welpen von ungeimpften Muttertieren aus dem Ausland nach Deutschland gelangen und hier verkauft werden.

Hunde sollten deshalb gegen Tollwut und möglichst auch gegen Staupe, Hepatitis, Leptospirose, Parvovirose geimpft werden. Bei Kaninchen ist eine Impfung etwa gegen Myxomatose und Rabbit Haemorrhagic Disease ratsam, bei Katzen gegen die verschiedenen Katzenseuchen und Tollwut. Seriöse Züchter lassen die Jungtiere im Alter von sechs bis acht Wochen impfen. Im Regelfall erfolgt dann mit zwölf bis 16 Wochen eine zweite Impfung.

Was sollte ein Halter hinsichtlich der Gesundheit berücksichtigen, wenn er sich für eine Rasse entscheiden will?

Jeder Tierhalter sollte sich neben den notwendigen Kenntnissen über Hal-

Immer mehr Haustiere leiden an Beschwerden wie Diabetes und Fettleibigkeit

tung und Fütterung zuvor darüber informieren, welche Erkrankungen bei einer bestimmten Rasse häufiger vorkommen. Gerade bei Hunden ist die Züchtung derart vorangeschritten, dass bestimmte Rassen anfälliger für bestimmte Leiden sind.

So haben zum Beispiel Hunderassen mit kurzen Schnauzen Probleme mit dem Atmungsapparat. Der aktuelle Standard für Französische Bulldoggen oder Möpse ist dermaßen entartet, dass man von Qualzucht sprechen könnte. Bei Katzen ist das Problem nicht so gravierend, aber auch dort gibt es Risiken. Perserkatzen etwa leiden häufiger an Augenerkrankungen als andere Rassen.

Aber viele Menschen scheinen sich genau diese Tiere zu wünschen.

Ja, leider ist die Nachfrage nach genau diesen Rassen oftmals groß, man kann schon von einer Art Modeerscheinung sprechen. Meine Beobachtung ist: Bei einigen Besitzern dient das Tier als Kindersatz, auch wenn ihnen das selbst vielleicht gar nicht bewusst ist.

Hunde mit kurzen Schnauzen und großen Augen bedienen nun mal das Kindchenschema, ihr Antlitz ähnelt dem von menschlichen Babys. Dieses Muster ist offensichtlich so stark im Menschen verankert, dass es die Kaufentscheidung für ein Tier beeinflusst. Und mancher stellt seine eigene Sehnsucht nach einem tierischen Gefährten auch über dessen Bedürfnisse.

Ist es in Ordnung, eine Katze nur in der Wohnung zu halten?

Normale Hauskatzen brauchen Auslauf, sie wollen jagen und streunen. Manche Rassekatzen haben sich im Laufe von Jahrzehnten allerdings stark an die Heimhaltung angepasst. Eine Siam- oder Perserkatze beispielsweise könnte in der freien Natur kaum Mäuse fangen. Wenn die Wohnung groß genug ist und das Tier schon frühzeitig, also in den ersten Lebensmonaten daran gewöhnt wird, sehe ich kein Problem in der Wohnungshaltung.

Immerhin fangen sie sich dann kaum Parasiten oder anderen Krankheiten ein.

Ja, die Chance, sich anzustecken, ist deutlich geringer. Umherstreifende Kater etwa kämpfen viel, sie können sich dabei beispielsweise mit „Katzenaids" infizieren. Das ist eine virusbedingte Immunschwächeerkrankung. Sie wird hauptsächlich durch Bisse, genauer Speichel und Blut, übertragen – aber nur zwischen Katzen. Eine Übertragung auf den Menschen ist ausgeschlossen.

Gibt es Krankheiten, die zwischen Mensch und Tier ausgetauscht werden?

Die allermeisten Viren, Bakterien und Parasiten sind auf einen bestimmten Wirt spezialisiert und werden nicht zwischen verschiedenen Arten übertragen. Hundeflöhe etwa vermögen auf den Menschen zu springen, dauerhaft dort überleben können sie aber nicht.

Allerdings befallen bestimmte Hautpilze oder Milben Menschen und Tiere gleichermaßen. Wenn sich also bei Mensch oder Tier die Haut rötet und juckt, sollten Sie den Hautarzt oder Tierarzt aufsuchen und darauf hinweisen, welche Haustiere gehalten werden.

Wenn der Hund durchs Unterholz streunt, hat er danach oft Zecken im Fell. Ist das gefährlich?

Zecken können von Tieren – auch Katzen, Igeln oder Pferden – auf den Menschen überwandern und verschiedene ernsthafte Erkrankungen übertragen. Sowohl für Menschen als auch für Tiere sind die Borreliose oder die FSME, die Frühsommer-Meningoenzephalitis, gefährlich.

Deshalb empfehle ich für frei laufende Hunde und Katzen Zecken-Prophylaxe-Mittel wie Sprays, Halsbänder oder solche, die man beispielsweise im Nacken des Tieres aufträgt. Falls sich trotzdem eine Zecke eingebissen hat, kann man sie etwa mit einer Zeckenzange entfernen oder dies beim Tierarzt durchführen lassen.

Manche Tiere raufen miteinander. Wie sollte ich mit Bisswunden umgehen?

Solche Verletzungen sind immer sehr gefährlich. Die Zähne von Hunden und Katzen durchlöchern die Haut des Gegners und impfen ihm dabei die Bakterien ein, die in der Mundhöhle und an den Zähnen reichlich vorhanden sind.

Bissverletzungen entstehen vor allem durch die großen Eckzähne. Äußerlich sieht man jedoch häufig nur kleine, punktförmige Löcher in der Haut, obwohl die Zähne die Zwischenrippenmuskulatur zerfetzt haben. Mitunter ist dann sogar die Lunge verletzt.

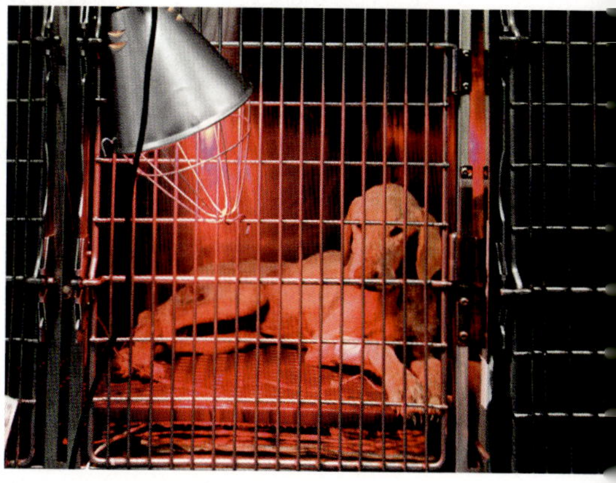

Kooperation

Hunde gelten bei Medizinern als eher unkomplizierte Patienten, die Behandlungen meist friedlich erdulden. Frettchen, Ratten oder Katzen dagegen beißen in der Praxis unter Stress oft zu

1. Bluetooth-Lautsprecher „Cuboid"
Einfach und kabellos Musik genießen!
- Für Smartphones, Tablets etc. mit Bluetooth
- USB-Anschluss und Slot für microSD-Karten

Zuzahlung: nur 1,– €

2. GEO WISSEN-Bestseller
Lektüre für Seele und Wohlbefinden:
- „Ängste überwinden, innere Stärke gewinnen"
- „Zuversicht – Die Kraft des positiven Denkens"

Ohne Zuzahlung

PRÄMIE zur Wahl

3. Rucksack „Fun", dunkelblau
Der Rucksack für jede Gelegenheit.
- Mit geräumigem Hauptfach und Einsteckfach
- Maße: ca. 29,5 x 45 x 14,5 cm

Zuzahlung: nur 1,– €

4. Amazon.de-Gutschein, Wert: 10,– €
Shoppen, wie es richtig Spaß bringt.
- Für die nächste Online-Shopping-Tour
- Technik, Bücher, DVDs, CDs u. v. m.

Ohne Zuzahlung

4x GEO WISSEN für zzt. nur 40,– € (inkl. MwSt. und Versand) bestellen unter:

kundenservice@dpv.de
Einfach ausgefüllte Karte einsenden oder mit Smartphone fotografieren und per E-Mail verschicken.

+49 (0)40/55 55 89 90
Bitte immer die Bestell-Nr. angeben: selbst lesen 161 2845 / verschenken 161 2846 / als Student lesen (exkl. Prämie) 161 2847

www.geo-wissen.de/abo
Online noch weitere tolle Angebote entdecken.

Entspannt in den Urlaub

Was Menschen tun können, damit auch ihr Haustier die Ferien genießt

Wer in die Ferien reist, steht vor einer schwierigen Frage: Nehme ich mein Tier mit – oder wird es daheim gut versorgt? Antworten finden sich oft nur für den Einzelfall, aber einige allgemeingültige Empfehlungen gibt es doch.

Hunde

Diese Vierbeiner sind gesellig und leben am liebsten in festen Sozialverbänden. Sie leiden sehr darunter, wenn ihre Bezugsperson sie allein lässt. Daher nehmen Halter ihre Tiere am besten mit auf Reisen – sofern der Urlaubsort nicht zu weit entfernt ist und sie dort willkommen sind. Damit der Hund sich leicht an die neue Umgebung gewöhnt, gehören sein Lieblingsspielzeug, das eigene Körbchen und vertrautes Futter ins Gepäck.

Ist eine Fernreise geplant, sollte man sich über die Einfuhrbestimmungen informieren, bei Botschaften, Konsulaten, Touristenvertretungen oder den für das Veterinärwesen zuständigen Landesbehörden. Generell aber bereitet eine Langstreckenreise einem Hund unvermeidlich Stress, vor allem im Flugzeug.

Sollen die Tiere nicht mit auf Reisen kommen, aber auch nicht von Freunden oder Familienmitgliedern betreut werden, können sich Halter unter anderem an Tierpensionen wenden. Seriöse Anbieter bestehen auf einem Impfnachweis, bieten bei Bedarf tierärztliche Betreuung und zeichnen sich durch saubere Räumlichkeiten sowie ein schattiges Freigelände aus. Im Idealfall kümmert sich ein Betreuer um maximal zehn Hunde, führt sie regelmäßig aus und spielt mit ihnen. Wer eine solche Pension gefunden hat, sollte seinen Vierbeiner zunächst für eine Nacht zur Probe dort einquartieren.

Hunde sind Gruppentiere und begleiten ihre Bezugsperson gern auch auf Reisen – am liebsten im Auto

Für die meisten Hunde ist eine Trennung auf Zeit kein großes Problem. Der Abschied sollte möglichst unaufgeregt und kurz gehalten werden, als würde man nur zur Arbeit gehen.

Lediglich für Hunde mit starker Trennungsangst, die schon winseln, wenn ihr Besitzer sich nur ins Nebenzimmer entfernt, gelten andere Regeln. Mit ihnen sollte die Bezugsperson vor dem Urlaub zunächst einen Trainer oder Verhaltenstherapeuten aufsuchen.

Katzen

Die Stubentiger lieben ihre vertraute Umgebung und bleiben während des Urlaubs am besten zu Hause. Wenn sie dort von einem Bekannten gepflegt, gefüttert und im Idealfall auch gestreichelt werden, sind sie zufrieden.

Falls niemand das Tier zu Hause betreuen kann, bietet sich eine Katzenpension an. Seriöse Unterbringungen setzen voraus, dass die Tiere mindestens gegen Katzenschnupfen und Katzenseuche geimpft sind.

Saubere und gepflegte Räumlichkeiten sollten den Tieren auch genügend Rückzugsorte sowie Beschäftigungsmöglichkeiten bieten. Wenn ein Betreuer dort allerdings mehr als 15 Katzen beaufsichtigt, kann er jeder einzelnen kaum noch genügend Aufmerksamkeit widmen.

Kleintiere und Vögel

Kaninchen, Meerschweinchen sowie Mäuse und Vögel verbringen die Reisezeit ebenfalls am besten zu Hause und sollten von Freunden oder Nachbarn betreut werden. Erhalten sie weiterhin ihr gewohntes Futter und regelmäßig Aufmerksamkeit, sind sie gut versorgt. Ein Ortswechsel oder starke Temperaturunterschiede hingegen stressen die Tiere sehr stark.

Wer sein Tier weder zu Hause noch in einer Pension betreuen lassen möchte, kann sich an der Aktion „Nimmst du mein Tier, nehm' ich dein Tier" des Deutschen Tierschutzbundes beteiligen (zu erreichen über: tierschutzbund.de/urlaubs-hilfe.html). Dabei werden Betreuungspartnerschaften zwischen Tierhaltern gebildet. Um sich rechtlich abzusichern, kann ein Betreuungsvertrag sinnvoll sein. Einen Musterbogen stellt der Deutsche Tierschutzbund auf seiner Webseite zur Verfügung.

Claudia Doyle

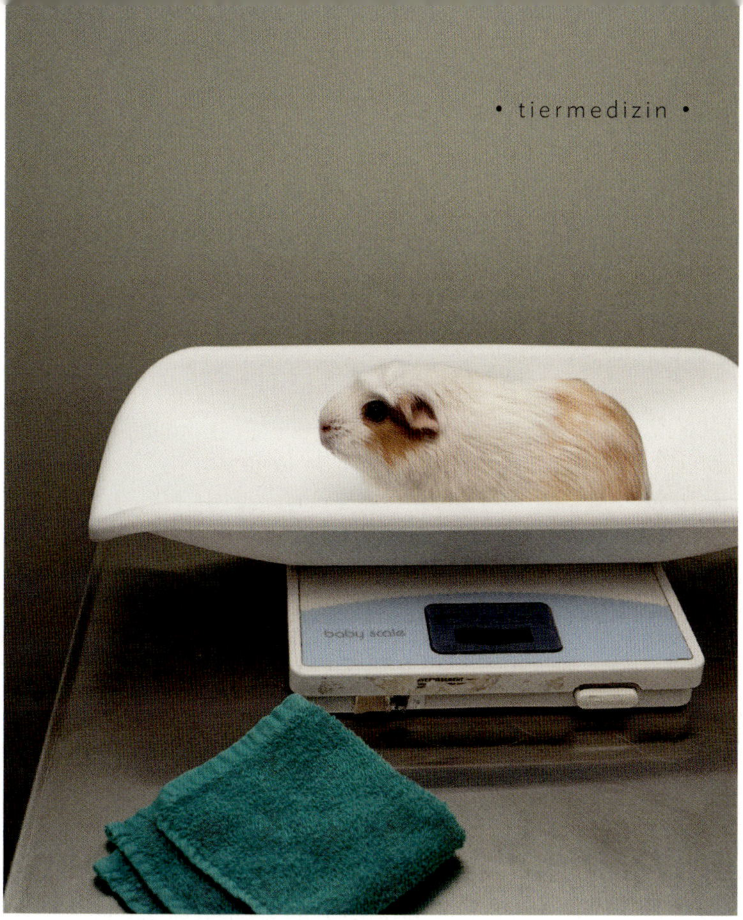

Verhaltens-Check

Bei Kleintieren wie Meerschweinchen sind Schmerzen oft schwer zu erkennen: Wenn sie sich wenig bewegen, kaum fressen oder nicht auf den Halter reagieren, ist ein Arztbesuch sinnvoll

Deshalb gilt: Selbst wenn es nach einer harmlosen Wunde aussieht, sollte der Besitzer sie nur desinfizieren und dann umgehend einen Tierarzt aufsuchen.

Was sollte ich neben einem Desinfektionsmittel in der Hausapotheke für das Tier bereithalten?

Verbandsmaterial gehört hinein, damit die Wunde abgedeckt und Blutungen gestoppt werden können, außerdem Einmalhandschuhe.

Bei schweren Verletzungen hilft zudem eine Rettungsdecke zur Stabilisierung der Körpertemperatur.

Die für den Menschen gebräuchlichen Schmerzmittel Aspirin, Ibuprofen, Paracetamol oder Diclofenac sollten niemals eingegeben werden, da diese beim Tier schon in geringen Mengen schwere Leber- und Nierenschäden oder auch Blutungen hervorrufen.

Gegen Durchfall kann der Halter neben einem Futterentzug Kohletabletten oder andere, die Darmwand schützende Tabletten geben, um zumindest die ersten Symptome zu lindern. Ein wasserlösliches Elektrolytpulver aus der Apotheke kann einen Mineralstoffverlust ausgleichen.

Im Zweifelsfall, insbesondere wenn der Durchfall anhält, blutig oder schwarz aussieht, wenn ein Welpe betroffen ist oder hohes Fieber von mehr als 40 Grad Celsius vorliegt, sollte man aber sofort zum Tierarzt gehen.

Wie kann man Tiere dazu bringen, Tabletten zu schlucken?

Man kann natürlich das Maul öffnen und die Tablette einfach möglichst weit hinten auf der Zunge platzieren. Dabei besteht aber die Gefahr, dass das Tier zubeißt. Einfacher und für das Vertrauen zwischen Halter und Hund besser ist es, wenn man die Tablette in einer Leckerei versteckt, etwa in Leberwurst oder Frischkäse. Manche Arzneien kann man auch ins Wasser geben und darin auflösen.

Wie wirkt sich die Ernährung auf die Gesundheit von Haustieren aus?

Diabetes ist mittlerweile auch bei Tieren ein großes Problem, bei Katzen mehr als bei Hunden – was unter anderem auf Fettleibigkeit zurückzuführen ist. Man sollte sich deshalb bemühen, dass der Hund oder die Katze nicht zu dick wird. Wenn das Tier bereits fettleibig ist, sollte man die Futtermenge beibehalten, aber die Kalorienzahl möglichst reduzieren. Der Halter kann auch mit Diät-Futtermitteln gegensteuern: Low Fat, Low Carb – im Fachhandel oder beim Tierarzt gibt es dazu ein breites Angebot.

Sollte man deshalb auch auf Leckerlis verzichten?

Nein, es kommt wie stets im Leben auf das Maß an. Dass ein Tier Belohnungen bekommt, ist sinnvoll. Mit Leckerlis kann der Halter dem Hund bestimmte Verhaltensweisen antrainieren.

Allerdings geben viele Tierbesitzer aus falsch verstandener Tierliebe zu häufig ein Leckerli oder füttern das Tier

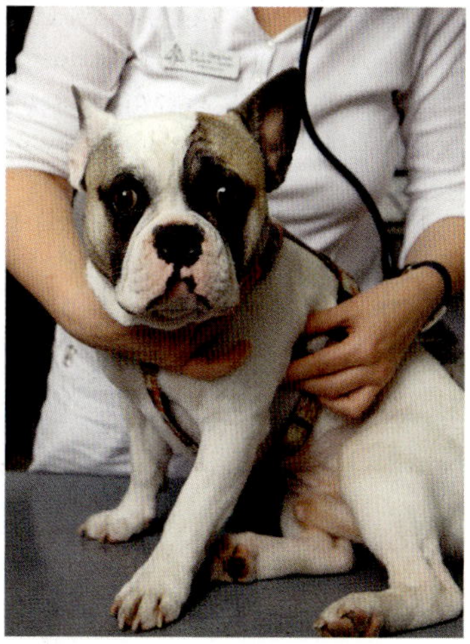

Kurzatmig

Manche Rassen zeigen typische Beschwerden: Hunde mit sehr kurzen Schnauzen etwa – wie diese Französische Bulldogge – leiden häufig unter Problemen an den Atemorganen

Wer kann mit wem?

Worauf man achten muss, wenn mehrere Tiere in einem Haushalt zusammenleben

Zur artgerechten und gesunden Haltung eines Tieres gehört auch Wissen darüber, welche Spezies sich von Natur aus nur bei Artgenossen wohlfühlt. Zwar ist es auch möglich, verschiedene Arten gemeinsam zu halten, doch gilt es dabei, ein paar Regeln zu beachten – damit die Gemeinschaft nicht zur Belastungsprobe für die Tiere und ihren Halter wird.

Hund und Katze

Diese zwei Spezies können durchaus Freundschaft schließen. Am besten gelingt das, wenn sie bereits als Jungtiere aneinander gewöhnt werden. Doch auch ältere Tiere können noch zusammenleben. Allerdings kommt es oft darauf an, auf welche Hunderasse eine Katze trifft: Labrador oder Golden Retriever, aber auch Hütehunde oder kleine Schoßhunde haben nur selten Einwände gegen einen neuen Mitbewohner. Passionierte Jagd- oder Windhunde tun sich dagegen schwerer. Problematischer ist es auch, einen jungen Hund in einen Katzenhaushalt einzuführen, da die Stubentiger ihr einmal beanspruchtes Revier aggressiv gegen Eindringlinge verteidigen.

Doch ganz gleich, wer neu einzieht: Günstig ist es, die Tiere bereits einige Tage vor dem ersten Treffen mit dem Geruch des neuen Mitbewohners vertraut zu machen. Dazu genügt es, mit einer Decke oder einem Tuch den Geruch des einen Tieres aufzunehmen und ihn dem jeweils anderen zu präsentieren.

Hunde und Katzen können sich bestens vertragen – wenn die Auswahl der Rassen stimmt

Wenn es dann so weit ist, stellt sich der Besitzer zwischen Hund und Katze und belohnt deren friedliches Verhalten. Gelingt es, beide Tiere gleichzeitig aus der Hand zu füttern – eines links, das andere rechts –, dann ist ein friedliches Zusammenleben fast sicher.

Anfangs kann es noch zu Missverständnissen zwischen Hund und Katze kommen. Denn sie verwenden mitunter die gleichen Signale in gegensätzlicher Bedeutung: Wedelt ein Hund mit dem Schwanz, so ist dies häufig (nicht immer) eine Geste der Freude. Peitschen Katzen hingegen ihren Schwanz von links nach rechts, signalisieren sie damit unter Umständen Aggression. Mit der Zeit lernen die Tiere aber, den anderen richtig zu deuten – oder sie gehen sich einfach aus dem Weg.

Kleinsäuger untereinander

Meerschweinchen, Kaninchen und Mäuse fühlen sich in kleinen Gruppen am wohlsten. Mindestens zwei Tiere sollten gemeinsam gehalten werden, noch besser sind drei. Eine gute Kombination besteht aus einem kastrierten Männchen und einem oder mehreren Weibchen.

Auch ist es möglich, Meerschweinchen und Kaninchen zusammen zu halten, am besten aber nur dann, wenn ein Garten vorhanden ist. Ohnehin ist eine reine Wohnungshaltung von Kaninchen wegen ihres Grabetriebes problematisch. Allerdings sollten sie nicht gemeinsam in einem Käfig untergebracht werden, denn zu unterschiedlich sind ihre Bedürfnisse, ihre Verhaltensweisen und ihre Kommunikation: Meerschweinchen sind eher tagsüber aktiv, Kaninchen dagegen lieber in der Nacht.

Hamster hingegen sind Einzelgänger und sollten keinesfalls mit Artgenossen oder anderen Tieren gemeinsam gehalten werden (der Deutsche Tierschutzbund rät gar generell von der Heimhaltung dieser nachtaktiven und sehr viel Bewegung benötigenden Tiere ab).

Hund/Katze mit Kleinsäuger

Von dieser Kombination raten Tierärzte ab. Denn Mäuse, Meerschweinchen und Kaninchen sind in den Augen von Hunden oder Katzen vor allem: leichte Beute. Lediglich sehr große Kaninchen können ihre Ruhe haben. Alle anderen Kleintiere sind unnötigem Stress ausgesetzt, wenn ein Räuber tagelang vor ihrem Käfig lauert. Wer auf keines der Tiere verzichten mag, sollte sie in getrennten Räumen halten. *Claudia Doyle* zwischendurch sogar mit dem eigenen Essen vom Tisch. Das kann, abgesehen von der Unverträglichkeit durch starke Gewürze, schnell zur Gewichtszunahme führen, vor allem, wenn sich das Tier auch noch zu wenig bewegt.

Was halten Sie von veganer Kost für Tiere?

Ich denke, es ist nicht im Sinne der Biologie, wenn man einen Hund oder eine Katze vegan ernährt – sie sind nun einmal Fleischfresser. Wenn man aus Überzeugung kein Fleisch geben möchte, muss man dem Tier die notwendigen Nährstoffe in anderer Form zuführen. Das ist möglich, aber erfordert einiges Wissen.

Nicht wenige Haustierbesitzer simulieren die Ernährung von Wölfen oder Wildkatzen, sie verfüttern also nur rohes Fleisch, Knochen, Innereien oder Fisch.

Das ist seit einigen Jahren sehr in Mode gekommen. In der Sprechstunde sehen wir jedoch immer wieder Patienten, die auf diese Weise ernährt wurden und unter Mineralstoffmangel leiden. Vor allem bei Welpen kann das gefährlich werden, da ihr Skelett noch nicht ausgereift ist und dann Knochenerkrankungen und Wachstumsstörungen entstehen können.

Oftmals haben sich diese Tierhalter mangelhaft informiert und ernähren falsch. Deswegen empfehle ich das nicht vorbehaltlos. Solange sich ein Halter umfassend informiert und das Futter ausgewogen zusammenstellt oder von professionellen Anbietern erwirbt, kann das aber gut funktionieren.

Welche Operationen gehören zum Repertoire eines Tierarztes?

Viele Patienten werden beim Tierarzt vorgestellt, weil sie Steine, Gummispielzeug, Kastanien oder Nadel und Faden verschluckt haben. Es entsteht dann häufig ein Darmverschluss.

So kann beim Dackel schon eine Eichel den Darm verlegen, bei etwas größeren Hunden ein Pfirsichkern. Wenn solche Gegenstände stecken bleiben, erbricht sich das Tier, der Fremdkörper muss dann operativ entfernt werden.

Hausapotheke

Zur Erstversorgung von Verletzungen sollten Tierhalter mindestens ein Desinfektionsmittel und Verbandszeug besitzen. Die weitere Behandlung übernimmt aber am besten ein Arzt

Andere Standardoperationen sind Sterilisation und Kastration. Männlichen Tieren werden bei der Kastration die Hoden entfernt und nicht nur beide Samenleiter durchtrennt wie bei der Sterilisation. Bei weiblichen Tieren ist die Kastration komplizierter, denn der Arzt muss die Bauchhöhle öffnen und die Eierstöcke entfernen, die direkt neben den Nieren liegen, gegebenenfalls ist auch die Gebärmutter zu entfernen.

Sollte man denn kastrieren?

Das ist umstritten. Ich bin ein Befürworter der Kastration, denn Studien legen nahe, dass kastrierte Tiere seltener bestimmte Tumoren bekommen als andere. Da viele weibliche Kaninchen an Gebärmutterkrebs erkranken, sollten bei diesen im möglichst frühen Alter Eierstöcke und Gebärmutter entfernt werden, eine Erkrankung kann dann nicht mehr auftreten.

Die Vorteile wiegen aus meiner Sicht schwerer als die mit dem Eingriff verbundenen Risiken.

Und wenn das Tier trächtig ist: Muss man dann zum Tierarzt, um

die Schwangerschaft überwachen zu lassen?

Man könnte sagen: Die Natur regelt alle Probleme schon, andernfalls wäre diese Spezies ja bereits ausgestorben. Wer aber Risiken für sein Tier minimieren möchte, der sollte auch diesen natürlichen Prozess von einem Arzt begleiten lassen.

Der Tierarzt kann etwa mit einer Ultraschalluntersuchung während der Trächtigkeit oder auch zum Geburtszeitpunkt abklären, ob bei den Föten alle wichtigen Lebenszeichen vorhanden sind, ob es Auffälligkeiten oder gar Missbildungen gibt. Auf jeden Fall sollte man sein Tier beim Tierarzt vorstellen, wenn die normale Schwangerschaftsdauer überschritten ist – und trotz Presswehen nach zwei Stunden noch kein Nachwuchs zur Welt gekommen ist.

Was halten Sie persönlich von alternativer Medizin, etwa Homöopathie für Tiere?

Ich bin ein sogenannter Schulmediziner. Diese prüfen nach wissenschaftlichen Kriterien, welche Therapie einen Nutzen zeigt und welche nicht. Wer mit Tieren umgeht, sollte dieses Prinzip akzeptieren. Daher sehe ich viele Angebote der „alternativen" Art kritisch, insbesondere wenn bisher keine wissenschaftliche Prüfung der Wirkungsweise erfolgte.

Sicher ist allerdings: Alternative Medizin kann – genau wie beim Menschen – einen Placebo-Effekt auslösen und deshalb heilsam wirken, denn auch ein Tier verspürt die Zuwendung.

Allein die Bewegung, mit der jemand einem Tier in der Praxis oder zu Hause etwas eingibt, kann nachweislich die Selbstheilungskräfte im Körper anregen.

Wie erkennt ein Arzt den Punkt, an dem eine Therapie mehr Leid bewirkt, als wirklich zu heilen?

Der ist besonders schwierig zu bestimmen, wenn ein Tumor behandelt wird, vor allem mittels Bestrahlung und/oder Chemotherapie, oder wenn er mehr und mehr über eine Metastasenbildung den ganzen Körper ergreift. Noch in den 1980er Jahren hat man solche Tiere umstandslos eingeschläfert. Heute sind viele Besitzer aber bereit, eine aufwendige Chemotherapie zu bezahlen – selbst wenn das Tier dann nur noch wenige Monate weiterlebt.

Die letzte Entscheidung bei dieser Frage liegt beim Halter des Tieres, nicht beim Arzt. Dessen Aufgabe ist es, alle Möglichkeiten und Risiken aufzuzeigen. Die Bundestierärztekammer hat vor Kurzem einen Ethikkodex verabschiedet, der eine Hilfestellung zu bestimmten Gebieten der Tier-Mensch-Beziehung und zum moralischen Handeln gibt.

Ich persönlich würde abraten, ein tumorerkranktes Tier dann noch weiter zu behandeln, wenn es bereits längere Zeit nicht mehr selbstständig frisst oder trinkt, dauerhaft apathisch ist und ganz offensichtlich leidet. Deshalb sehe ich auch Hospize für Tiere eher kritisch, sofern das Konzept dort nicht nur eine palliative Versorgung vorsieht, sondern auch lebensverlängernde Maßnahmen wie eine künstliche Ernährung oder Dauerkatheter.

Manche Therapien kosten mehrere Tausend Euro. Ist die Tiermedizin vor allem ein gutes Geschäft für den Arzt?

Wie in vielen Bereichen, bestimmt auch hier die Nachfrage das Angebot, zumindest in der Kleintiermedizin. Wenn Menschen sich eine aufwendige Behandlung für ihren tierischen Begleiter wünschen, dann entwickelt sich die Tiermedizin in diese Richtung weiter.

So haben wir beispielsweise einmal einen Cockerspaniel-Welpen behandelt, der mit zwei missgebildeten Ellbogen, einer angeborenen Ellbogenluxation, zur Welt gekommen war. Er konnte also nicht laufen, nur robben. In freier Natur hätte er niemals überlebt, und zu früheren Zeiten hätten Menschen ihn sicher eingeschläfert.

Die Besitzerin aber wünschte sich, dass ihrem Hund, soweit möglich, geholfen wird: Wir haben deshalb die Anatomie der Vorderläufe so weit korrigiert, dass die Funktion der Ellbogengelenke wiederhergestellt wurde. Heute läuft der Hund völlig normal.

Impfungen für Haustiere sind nicht gesetzlich vorgeschrieben – für viele Kleintiere aber sehr sinnvoll

Haben Sie selbst Tiere?

Aus beruflichen und zeitlichen Gründen habe ich mich dagegen entschieden, einen Hund zu halten. Denn ich denke, dass man mit im Haushalt lebenden Tieren auch ausreichend Zeit verbringen sollte. Zudem sehe ich den Tag über viele Tiere – in meinem Leben habe ich sicher schon einige Zehntausend begutachtet und einige Tausend operiert.

Deshalb halte ich mir daheim eher genügsame Genossen: drei griechische Landschildkröten. Wenn ich am Morgen deren Gehege im Garten betrete, kommen sie auf mich zu. Das machen sie jedoch vermutlich, weil sie sich daran gewöhnt haben, dass ihnen etwas Leckeres mitgebracht wird, etwa Tomaten oder Pfirsiche. Ansonsten fressen sie Wildkräuter, Blüten oder Blätter spezieller Pflanzen aus meinem Garten.

Mussten Sie die auch schon operieren?

Ich habe schon viele Schildkröten operativ behandelt. Dazu sägt man etwa in den Bauchpanzer ein quadratisches Loch, öffnet so die „Bauchhöhle" und kann zum Beispiel einen Tumor entfernen. Danach verschließt man den Panzer wieder mit dem herausgesägten Deckel und verklebt ihn mit einem Zwei-Komponenten-Kleber.

Bei meinen eigenen Schildkröten war das zum Glück noch nicht nötig. ‹

der *lange weg* bis zum ende

Wer mit einem Tier zusammenlebt, sollte darauf gefasst sein, dass irgendwann die Zeit des Abschieds von seinem Schützling kommt. Die Naturforscherin Elli H. Radinger erklärt, wie der Umgang mit Tod und Trauer gelingen kann

INTERVIEW:

Bertram **Weiß**

•

FOTOS:

Catherine **Panebianco**

Schwindende Kräfte

Anderthalb Jahre vor dem Tod ihres Hundes bemerkte die US-Fotografin Catherine Panebianco erste Zeichen des Verfalls

GEO WISSEN: *Frau Radinger, haben Sie schon mal um ein Tier getrauert?*

ELLI RADINGER: Ja, mehrfach. Zuletzt um eine Labrador-Hündin, mit der ich 15 Jahre zusammengelebt habe. Nach langer Krankheit musste ich sie einschläfern lassen. Ich spürte eine tiefe Traurigkeit, denn es ist für mich kein Unterschied, ob ein Tier aus meinem Leben verschwindet oder ein mir nahe stehender Mensch.

Das wird viele Menschen erstaunen, die kein Tier haben.

Das mag tatsächlich nicht jeder so empfinden. Aber viele Halter entwickeln zu Tieren eine intensive Beziehung, teilen Alltag, Erlebnisse und Gefühle mit ihnen – manchmal intensiver, als sie je eine zu einem Menschen gespürt haben. Da ist es völlig normal, wenn einen Gefühle des Verlusts peinigen, Einsamkeit, Angst oder Schlaflosigkeit.

Innige Nähe

In vielen Fotos hielt Catherine Panebianco den langen Weg bis zu Bennys Tod fest – und fand so einen Weg, Schritt für Schritt mit schmerzlichen Gefühlen der Trauer umzugehen

Aber einen Unterschied zur Trauer um Menschen gibt es in vielen Fällen doch: Oft trägt der Halter selbst zum Tod des Tieres bei, indem er es einschläfern lässt.

Grundsätzlich gilt in Deutschland nach dem Tierschutzgesetz: „Niemand darf ohne einen vernünftigen Grund einem Tier Schmerzen, Leiden oder Schaden zufügen." Ein „vernünftiger Grund" kann nach dem Gesetz als gegeben gelten, wenn ein Weiterleben des Tieres mit erheblichen Schmerzen verbunden ist. Oder die Unversehrtheit von Menschen bedroht ist, weil das Tier als aggressiv gilt. Die Entscheidung über den „vernünftigen Grund" muss daher, so schwer es auch fällt, jeder selbst treffen, zumindest bei kranken Tieren.

Für die Tötung ist dann die vertrauensvolle Zusammenarbeit mit einem Tierarzt extrem wichtig, er kann einem beratend zur Seite stehen. Danach gehen übrigens viele Menschen nie wieder zu diesem Tierarzt. Eher suchen sie eine andere Praxis auf.

Was ist der Grund?

Manche mögen unzufrieden sein, wie sie in dieser schwierigen Zeit betreut wurden. Viel wichtiger aber ist, dass sie in dem Arzt nun immer den sehen, der die tödliche Spritze angesetzt hat. Und umgekehrt ist ihnen bewusst: „Der

Arzt weiß nun, dass ich die Entscheidung getroffen habe.“ Dieser Prozess hin zum Tod eines Tieres ist mit großer Scham besetzt, er kann enorme Gefühle von Schuld und Unsicherheit wecken. Manche Betroffene gelangen auch an einen existenziellen Wendepunkt in ihrem Leben. Denn wir sehen uns mit unserem eigenen Tod konfrontiert.

Elli H. **Radinger**

ist Wolfsexpertin und Autorin von »Der Verlust eines Hundes«. Sie lebt einen Großteil des Jahres im Yellowstone-Nationalpark.

Was kann den Abschied erleichtern?

Am wichtigsten ist es, ihn überhaupt bewusst wahrzunehmen, sich dafür Zeit zu nehmen. Wenn das Tier eingeschläfert werden soll, bedeutet das, diesen Prozess bis zum Ende zu begleiten. Immer wieder sagen mir Menschen: „Das kann ich nicht“ oder „Das ertrage ich nicht“. Das gilt es zu respektieren, aber dennoch sollte man vielleicht noch einmal in sich hineinhören und sich fragen, ob man wirklich nicht in den letzten Stunden, Minuten und auch danach bei seinem Tier sein kann.

Wie haben Sie den Abschied von Ihrer Hündin erlebt?

Bevor ich eine endgültige Entscheidung traf, hatte ich nachts mein Bett neben ihrem Korb aufgeschlagen. Dann kam die Tierärztin zu uns, in unsere gewohnte Umgebung. Ich hielt die Hündin im Arm, während die Ärztin erst ein Narkosemittel spritzte, dann das tödliche Präparat. Auch als sie den Herzstillstand festgestellt hatte, habe ich das tote Tier noch über Stunden im Arm gehalten. Dabei spürte ich eine seltsame Mischung aus Schmerz und Glück, die Trauer kam später.

Wie geht man am besten mit der Trauer um ein Tier um?

Viele Menschen fühlen sich gezwungen, in Stille zu trauern. Sie haben das Gefühl, so tun zu müssen, als sei nichts geschehen. „Es war doch nur ein Tier“, sagt vielleicht ein Außenstehender. Dabei gilt für die Trauer um ein Tier Ähnliches wie für die Trauer um einen Menschen: Es kann helfen, sie mit anderen zu teilen und Trost zu suchen. Dabei vermögen auch gemeinsame Rituale zu unterstützen – etwa Tierbeerdigungen. In Deutschland gibt es 120 Tierfriedhöfe.

Darf man sein Tier im Garten begraben?

In Deutschland ist das prinzipiell möglich – sofern man dabei einige Regeln beachtet: Man braucht die Erlaubnis des Grundstückeigentümers, muss das Tier unmittelbar nach dem Tod bestatten und mindestens einen halben Meter tief, gemessen vom Rand der Grube. Nicht begraben werden dürfen Nutztiere, selbst wenn man sie wie ein Heimtier behandelt hat. Auch darf das Tier nicht an einer Seuche gelitten haben. Und wer sein Tier in freier Natur begräbt, in einem Park oder einem Wald, oder es in die Mülltonne wirft, begeht eine Ordnungswidrigkeit und kann dafür belangt werden.

Wer sein Tier nicht bestatten möchte, muss es der „Tierkörperbeseitigung“ seines Wohnortes übergeben. Das kann auch der Tierarzt übernehmen. Keine Einschränkungen gibt es für Urnenbestattungen. Tierfreunde dürfen die Asche – anders als menschliche Asche – aus dem Krematorium mitnehmen, auch daheim aufstellen, wenn sie mögen.

Die Trauer um Tiere treibt mitunter Blüten, die skurril anmuten. Ist aus Ihrer Sicht alles erlaubt?

Manche Menschen lassen die Asche ihres Tieres in einem Schmuckamulett verschließen oder in einen Diamanten verwandeln und tragen sie fortan um den Hals. Andere stellen sich die Urne in ihr Wohnzimmer oder verstreuen die Asche auf See. Wieder andere lassen das Tier von einem Präparator konservieren oder einfrieren.

Wir sollten all das nicht als „verrückt“ abtun. Es sind Möglichkeiten, mit Trauer umzugehen.

Fernhalten sollte man sich von jenen, die die seelische Notlage von Trauernden ausnutzen, um ihre Dienst-

Bleibendes Andenken

Der Umgang mit dem Tod eines Tieres kann leichterfallen, wenn man die Kraft der Rituale nutzt. Manche feiern Gedenktage, andere nehmen immer wieder Fotos zur Hand leistungen anzubieten – etwa die Kommunikation mit verstorbenen Tieren.

Welche Rituale können Trauernden langfristig helfen?

Ich habe von Tierfreunden gehört, die ein Abschiedstagebuch geführt haben, ein Album gestaltet oder eine Kiste mit Erinnerungsstücken gefüllt haben, die sie an bestimmten Gedenktagen hervorholen. Ich selbst habe meiner verstorbenen Hündin einen Brief geschrieben und mich für alles bedankt, was sie für mich getan hat. Und nicht wenige finden Trost darin, eine virtuelle Gedenkstätte im Internet einzurichten.

Was gilt es zu beachten, wenn ein Kind das Tier betrauert?

Wer mit Tieren aufgewachsen ist, ahnt vielleicht, dass für Kinder der Tod eines Tieres geradezu traumatisch sein kann. Tiere sind für sie oft mehr als ein Freund. Sie verlieren dann ihren sozialen Mittelpunkt, ihren wichtigsten Vertrauten.

Am besten helfen Eltern ihrem Kind, wenn sie sich gemeinsam mit ihm kindgerecht mit dem Tod beschäftigen, sei es in Bildern, Gedichten oder Geschichten, mit Symbolen wie Kerzen oder schönen Steinen – und wenn sie dem Kind deutlich machen, dass es über seine Trauer immer sprechen darf.

Natürlich versuchen Eltern, ihre Kinder vor Trauer zu bewahren. Aber letztlich können sie das nicht. Es führt selten zu etwas Gutem, wenn sie unehrlich sind, versuchen, den Tod zu verschleiern. Wenn sie etwa sagen: „Bella ist fortgelaufen", „Der liebe Gott liebt Luna so sehr, dass er sie zu sich geholt hat" oder: „Bruno ist krank geworden und eingeschlafen."

Und was, wenn das Kind immer weiterfragt?

Es gibt keine richtige Antwort. Aber wichtig ist zu wissen: Mit etwa sechs Jahren interessieren sich Kinder dafür, was aus Toten wird, mit acht verstehen sie, dass alles Leben endlich ist, auch das der Menschen. Und deshalb liegt im Tod der Tiere auch eine Möglichkeit: dass wir uns mit der eigenen Sterblichkeit auseinandersetzen. ◂

Identische Fellzeichnung

Kaum auseinanderzuhalten sind diese beiden Katzen aus den USA: links das Original, daneben die genetische Kopie

geklonter gefährte

Text:

Alexander **Krex**

Ein südkoreanisches Labor lässt verstorbene Hunde wiederauferstehen – als 100 000 Dollar teure Genkopie. Doch die Technik ist kompliziert und ungemein umstritten

Besucher dürfen das Reich von Woo Suk Hwang nur in Gummilatschen betreten, Straßenschuhe bleiben draußen. Das unauffällige Haus an einer Ausfallstraße im Südwesten Seouls verrät nicht, was es beherbergt. Hinter dem Gebäude eine umzäunte Wiese, auf der junge Hunde tollen.

Die hier ansässige Firma Sooam Biotech ist eine Hundefabrik: einer der wenigen Orte weltweit, an denen die Tiere kommerziell geklont werden, bis zu 20 jeden Monat.

Mehr als 800 Welpen haben Hwang und seine Forscher bereits produziert, sagen sie: Labradore, Schäferhunde, Yorkshireterrier.

Sie alle sind Wiedergeburten geliebter Haustiere. Der Körperbau, das Fell, die Schwanzlänge, die Augenfarbe: Alles entspricht bis aufs Detail dem Vorbild, dem der jeweilige Klon nachgebildet ist. Die meisten Kunden stammen aus den USA und China, auch Araber und Europäer sind darunter.

100 000 Dollar kostet eine lebende Hundekopie. Es kommt auch vor, dass gleich zwei, mitunter sogar drei Ableger des bestellten Haustiers entstehen. Ab Nummer zwei kosten die Klone nur noch je 3000 Dollar, der Kunde entscheidet dann, wie viele er nimmt.

Den weltweit ersten Klonhund hat Hwang 2005 geschaffen: Snuppy, einen Afghanischen Windhund. Hwang war damals Professor für Veterinärmedizin an der Seoul National University. Und Snuppy hätte eine Sensation

Prominenter Welpe

2005 kam der Afghanische Windhund Snuppy (hier neben seinem Vater) zur Welt – der erste erfolgreiche Hundeklon

sein müssen – aber kaum jemand interessierte sich so richtig für ihn.

Denn Hwang verkündete zugleich, er habe Stammzellen aus geklonten menschlichen Embryonen extrahiert. Zellen also, aus denen alle möglichen Gewebe des menschlichen Körpers heranwachsen können – ein Ersatzteillager im Krankheitsfall. Seine Arbeit wurde weltweit gefeiert.

Dann kam heraus: alles gefälscht.

Hwang zog sich in ein buddhistisches Kloster zurück, kam kurz darauf in eine psychiatrische Klinik. Aber er hatte noch seine zweite, ungefälschte Sensation – seine Hunde.

e

Ein halbes Jahr später gründete er Sooam Biotech zusammen mit gut einem Dutzend Forschern der Universität, die zu ihm hielten. Geld kam von Investoren, die noch an ihn glaubten.

Hunde zu klonen gilt als besonders schwierig, unter anderem weil es aufwendig ist, geeignete Eizellen zu gewinnen. Für jeden geklonten Welpen wird eine Vielzahl von Hunden benutzt, als Eizellspender, als Leihmutter. Sie werden mit Hormonen vollgepumpt, betäubt, operiert. Kein Wunder, dass Tierschützer die Praxis ablehnen.

Denjenigen, die sich als Kunden an Sooam Biotech wenden, wird die Illusion, sie seien Hundeliebhaber, natürlich nicht genommen. Klonen wirkt hier wie elegante Wissenschaft; die Maschinerie dahinter, der Verschleiß von vermeintlich geringerwertigen Mischlingen – das alles wird ausgeblendet.

Die Mitarbeiter behaupten, mit nur vier Hunden pro Neuschöpfung auszukommen: einer Eizellspenderin und drei Leihmüttern. Überprüfen lässt sich das nicht. Im Jahr 2005 jedenfalls mussten die Veterinäre noch 1095 Embryonen herstellen und in 123 Leihmütter verpflanzen, um zwei lebendige Klone zu erzeugen, von denen am Ende nur einer überlebte.

Die Erfolgsquote beim Klonen hängt auch vom Zustand der Gewebeprobe ab, aus der Forscher im Labor das Erbgut gewinnen. In der Regel ist das ein Stückchen Haut. Jeder Tierarzt kann so eine Probe entnehmen – auch von bereits verstorbenen Tieren (allerdings sollte es schnell gehen, damit das Material nicht durch die Verwesung beschädigt wird).

Eigentlich sind die Fähigkeiten der Hautzellen eingeschränkt. Sie sind darauf programmiert, spezifische Aufgaben zu erfüllen. Wenn ihre Erbinformationen jedoch in eine leere Eizelle injiziert werden, die die Forscher anschließend einer Leihmutter einpflanzen, startet das genetische Programm ganz neu – und es kann sich ein kompletter Organismus entwickeln.

Geld verdient Sooam Biotech wohl auch mit sogenannten „disease models“: Tieren, die schon krank auf die Welt kommen. Die Nachfrage der Pharmaindustrie ist hoch, weil sie mit ihrer Hilfe die großen Krankheiten der Menschheit erforschen will. Sooam hat an Alzheimer erkrankte Beagles geklont und solche mit Diabetes. An ihnen können Forscher unter anderem Medikamente und Therapien testen.

Die Europäische Union hält das Kopieren eines Lebewesens für problematisch. Das EU-Parlament stimmte 2015 für ein Verbot des Verfahrens und des Imports geklonter Tiere.

Haustiere machen den größten Teil des Geschäfts aus, aber Sooam klont auch Spürhunde. 37 Tiere aus Hwangs Laboren stehen im Dienst der südkoreanischen Polizei. Seit 2013 sind sie unter anderem am Flughafen Seoul im Einsatz, um Sprengstoff zu suchen.

Vaterloses Fohlen

Prometea (im Bild links) war das erste kopierte Pferd, ausgetragen in Italien von seiner eigenen Klon-Mutter (daneben)

Vor Kurzem haben die Fahnder 40 weitere Hunde bestellt. Als Vorbilder wählen sie Hunde, die sich im Schnüffeleinsatz bewährt haben. Ob sich die besonderen Fähigkeiten eines Hundes, gar sein Charakter auch klonen lassen – das wüssten sie noch nicht, sagt Sooam-Forschungsleiter Yeon Woo Jeong.

Phillip Dupont aus dem US-Bundesstaat Louisiana indes erzählt, dass die beiden Klone seines verstorbenen Dobermann-Mischlings Melvin nicht nur aussähen wie das Original, sondern sich auch so verhielten.

Auch sie jagen gern Maulwürfen hinterher, sagt der Tierarzt – und sie niesen sogar auf Kommando, so, wie es der gute Melvin immer getan hat. ‹

Interview:

Patrick **Blume** und
Bertram **Weiß**

•

Fotos:

Regina **Hügli**

Unser Verhältnis zu Tieren ist oft paradox: Wir verwöhnen Hunde, Katzen und Wellensittiche, aber essen Schweine, Rinder und Hühner. Der Wiener Ethiker Herwig Grimm erklärt, was einen moralischen Umgang mit Tieren ausmacht – und welche Fragen wir uns wirklich stellen sollten

Verantwortung

Die Frage ist nicht, ob man sich als Verbraucher Tieren gegenüber schuldig macht, sagt der Philosoph Herwig Grimm – sondern in welchem Maß

darf ich schnitzel *essen?*

GEO WISSEN: *Herr Professor Grimm, weshalb ist es für viele Menschen normal, ein Rindersteak oder Schweinemedaillons zu essen, aber niemand serviert ein Hundegulasch oder ein Katzenfilet?*

PROF. DR. HERWIG GRIMM: Weil die Beziehungen zwischen Menschen und Tieren sehr unterschiedlich und Hunde und Katzen in unserer Gesellschaft oft Familienmitglieder sind. Viele von uns teilen das Tierreich danach auf, welche Geschöpfe ihnen besonders nahe sind. Andere Tiere aber, zu denen wir keine intensiven Beziehungen pflegen, die in der Wertschätzung weiter unten stehen, werden verzehrt.

Ergibt sich daraus die Unterscheidung von Haus- und Nutztieren?

Ja. Zu Nutztieren haben nur noch wenige Menschen direkte Beziehungen. Dieser Abstand macht es leichter, die problematischen Seiten der Produktion tierischer Erzeugnisse auszublenden. Anders ist es bei Haus- oder wie ich lieber sage: Heimtieren. Bei manchen von uns ist die Beziehung zu ihrem Tier derart intensiv, dass daraus sogar hochmoralische Fragen im Verhältnis zu anderen Menschen erwachsen können.

Was meinen Sie?

Stellen Sie sich vor, in einer Familie ist der geliebte Hund krank geworden oder schwer verletzt. Ihm könnte geholfen werden, aber das würde mehrere Tausend Euro kosten. Dieses Geld ist aber für die Schulausbildung des Kindes reserviert. Was also ist zu tun? Solche Fragen haben lange nur Philosophen beschäftigt, mittlerweile finden sie immer häufiger Eingang in unseren Alltag und die Tierkliniken.

Aber sind die Bedürfnisse eines Menschen nicht wichtiger als das Leben des Hundes?

Ist es so einfach? Der springende Punkt an dieser Stelle ist, dass es nicht mehr egal ist, ob man den Hund opfert. Wenn allein die Zugehörigkeit zur Spezies Mensch als moralisches Kriterium zählte, wäre sofort klar, was zu tun ist. Doch diese Klarheit schwindet. Die Interessen der Tiere werden in unserer Gesellschaft bedeutsamer. Sie führen uns vor Augen, dass unser Blick auf das Verhältnis von Menschen und Tieren nicht unveränderlich ist – sondern vielmehr von unseren moralischen Einstellungen und Überzeugungen abhängt. Deshalb ist es wichtig, sich Gedanken darüber zu machen, was eine angemessene Mensch-Tier-Beziehung ausmacht.

Mehr als fünf Millionen Deutsche ernähren sich mittlerweile vegetarisch. Folgen diese Menschen nur einer zeitweiligen Mode?

Nein, wir beobachten einen tief greifenden Wandel. Immer mehr Menschen machen sich Gedanken darüber, welche Bedürfnisse Tiere haben und wie wir mit ihnen umgehen. Und ein beachtlicher Teil der Bevölkerung zieht weitreichende Konsequenzen für seine Ernährungsgewohnheiten.

Warum entzünden sich am Tier heute so intensive Debatten?

Tiere bieten uns eine Möglichkeit, moralisch gut zu handeln. Warum holen sich Menschen kranke Hunde und Katzen aus dem Tierheim? Warum geraten Fleischesser und Vegetarier oft hitzig aneinander? Eine Erklärung ist, dass es in unseren überaus komplexen Gesellschaften nur wenige Bereiche gibt, in denen wir deutlich machen können, dass wir gute Menschen sind – uns selbst und den anderen gegenüber.

Ist es besser, Wild zu essen, das ein Jäger geschossen hat, Fisch, den ein Angler gefangen hat?

Es gibt Ethiker, die argumentieren genau so: Man macht sich weniger schuldig an den Tieren, wenn sie ihr Leben in freier Wildbahn, ungestört durch Menschen verbracht haben. Aber mindestens ein Aspekt wird dabei meist vergessen: Ein Tier in freier Wildbahn ist weit davon entfernt, ohne Leid zu leben. Vielmehr ist wahrscheinlich, dass es Entbehrungen wie Schmerz, Kälte, Hunger erlebt hat. All das sollte ein Tier in heutiger Nutztierhaltung eigentlich nicht erleben. „Mutter Natur" ist weitaus weniger lieblich, als wir uns das gemeinhin vorstellen. Richtig ist allerdings, dass Tiere in freier Wildbahn weniger menschenverursachtes Leid erfahren.

Sollten alle Vegetarier werden?

Ich fälle keine Urteile. Aber es gibt neben gesundheitlichen, ökonomischen und religiösen Gründen gute ethische Argumente, auf Fleisch zu verzichten.

Um welche Argumente geht es?

Nehmen wir an, ich überlege: Soll ich dieses Schnitzel essen oder nicht? Dann muss ich zuvor viele weitere Fragen beantworten, etwa: Unter welchen Bedingungen hat das Tier gelebt, hatte es etwa Auslauf? Wie ist es gestorben, schnell und schmerzlos oder grausam? Aber auch: Unter welchen Bedingungen arbeitete der Bauer, hatte er einen Spielraum? Ist es überhaupt in Ordnung, Tiere zu töten?

Vegetarier wollen einfach nicht schuld sein am Tod von Tieren.

Wenn wir Schuld als etwas verstehen, das durch die Verletzung der Interessen eines anderen Lebewesens entsteht, dann macht sich jemand, der kein Fleisch isst, sicherlich weniger schuldig. Aber deshalb wird er nicht zwangsläu-

»Ein Tier in freier Wildbahn ist **weit davon entfernt,**

ohne Leid zu leben!«

fig zum besseren Menschen. Denn wer an diesem Punkt aufhört nachzudenken, macht es sich zu einfach. Für die Produktion von Eiern etwa braucht man weibliche Tiere – die männlichen Küken werden in der Regel direkt nach dem Schlüpfen getötet. Viele Millionen jedes Jahr. Wer Eier isst, ist auch dafür mitverantwortlich.

Für ein reines Gewissen müssten wir also vegan leben?

Viele Menschen suchen nach einer definitiven Grenze, die verspricht: Wenn ich die einhalte, dann muss ich mir keine Gedanken mehr machen. Eine solche Grenze gibt es aber nicht. Wir können nicht essen, ohne schuldig zu werden, und wir werden auch nie einen Lebensstil finden, der keine moralischen Fragen mehr aufwirft.

Deshalb ergibt es meines Erachtens keinen Sinn, eine harte Linie zu ziehen: hier die Vegetarier, die Guten, dort die Fleischesser, die Schlechten. Denn selbst Veganer sind, zumindest indirekt, für Tod oder Leid von Tieren mitverantwortlich. Wenn ein Feld für den Anbau von Soja oder Getreide umgepflügt wird, kommen dabei Mäuse, Würmer und Schlangen ums Leben.

Ist es aber nicht ein Unterschied, ob man sich am Tod von Schlangen und Mäusen schuldig macht oder, sagen wir, an dem von Schweinen und Rindern?

Viele Menschen haben diesen Eindruck, ja. Denn in der Regel vergleichen wir Tiere mit unserem eigenen Erleben. Kommen wir zu dem Schluss, dass sie ähnlich fühlen und denken wie wir, wollen wir ihnen keinen Schaden zufügen. Deshalb gilt es als problematischer, intelligente Tiere wie Menschenaffen, Delfine oder Hunde zu töten.

Ich glaube aber nicht, dass wir Tieren gerecht werden, wenn wir sie mit uns vergleichen, statt sie als eigenständige Wesen zu achten. Wir sollten lernen, ihre Eigenart wertzuschätzen, nicht nur das vermeintlich Menschliche an ihnen. Aber die Suche nach Ähnlichkeiten kann helfen, herauszufinden, wie man ein Tier behandeln sollte, damit es ihm gut geht.

Das müssen Sie bitte erklären.

Konkret bedeutet das, sich der schwierigen Frage zu stellen, wie man Tieren gerecht wird. Denn nach wie vor werden sie oft aufgrund ökonomischer Zwänge den Haltungsbedingungen angepasst, nicht umgekehrt. Männliche Ferkel werden häufig ohne Betäubung kastriert, Hühnern die Schnäbel kupiert, Kälbern die Hornansätze versengt, damit sie erst gar keine Hörner bekommen. Schweine können ihr Erkundungsverhalten nicht ausleben, Kälber werden nach der Geburt von der Mutter getrennt. Darüber müssen wir reden, wenn wir Tieren gerecht werden wollen.

Was kann ein Veganer tun, dessen eigenes Haustier Fleisch isst?

Nicht wenige Menschen versuchen, ihre Hunde und Katzen vegan zu ernähren. Ob das den Tieren selbst schadet, kann ich nicht beurteilen. Aus meiner Sicht ist der Versuch aber spannend. Er zeigt, wie wichtig es diesen Tierhaltern ist, moralisch gut zu sein.

Wohl jeder Verbraucher ist entsetzt von der industrialisierten Tierhaltung. Wie ertragen wir den Zwiespalt, Mitleid zu spüren und doch Billigfleisch zu kaufen?

Dafür gibt es meiner Meinung nach vor allem zwei Gründe.

Zum einen liegt es daran, dass Tierprodukte seit jeher tief in unserer Kultur verankert sind. So banal es klingen mag: Wir essen und genießen Fleisch, weil wir es so gewohnt sind, und zwar schon von klein auf.

Zum anderen kaufen wir in der der Regel Fleisch, Milch oder Käse in einer Umgebung ein, die den Tieren völlig fern ist. Und kaum einer von uns hat je erlebt, wie ein Schwein mit einem Bolzenschussgerät betäubt und dann ausgeblutet wird, wie eine Hochleistungskuh mehrmals am Tag zwischen

Vertretbare Landwirtschaft

Herwig Grimm, Professor für Ethik der Mensch-Tier-Beziehung am Wiener Messerli Forschungsinstitut, analysiert, welche Grundsätze unsere Haltung zu Tieren prägen – und was das für die Landwirtschaft bedeutet dem Kraftfuttertrog und dem Melkautomaten hin- und herwandert oder wie ein Masthuhn sein Leben verbringt. So leben wir in dem Eindruck, wir hätten mit alledem nichts zu tun.

Aber das ist wohl eine Täuschung.

Der Schlachter mag verantwortlich für seine Arbeit sein – aber jeder Fleischkäufer trägt als Teil der Gesellschaft eine Verantwortung für die Bedingungen, unter denen der Schlachter arbeitet. Landwirte sind natürlich dafür verantwortlich, was auf Höfen mit Tieren geschieht. Wir als Bürger tragen aber die Verantwortung für den gesellschaftlichen Rahmen, in dem Bauern den Tieren gerecht werden können oder nicht.

Ich selbst bin optimistisch genug zu glauben, dass eine Landwirtschaft möglich ist, in der es Rindern, Schweinen und Hühnern wesentlich besser geht, als es noch oft der Fall ist. Wir als Gesellschaft müssen dies aber wollen und uns dorthin aufmachen.

Wie sähe so eine Tierhaltung aus?

Ein Tierleben ohne Stress, ohne jedes Leid und ohne Krankheit wird es nicht geben – das muss uns klar sein. Wir können nur versuchen, den Bedürfnissen der Tiere gerecht zu werden. Gesetzliche Richtlinien orientieren sich bislang oft nur an Mindestanforderungen. Eine tiergerechte Landwirtschaft aber geht weit darüber hinaus; sie achtet darauf, dass die Tiere unter Bedingungen leben, die ihnen ermöglichen, ihren Bedürfnissen nachzugehen.

In der Schweinehaltung etwa geht es unter anderem um Gelegenheiten für die Tiere, im Boden zu wühlen, sich zu beschäftigen, soziale Interaktion in Gruppen zu erleben. Dafür müssen sich die Viehhalter aber von der Idee verabschieden, tierische Produkte allein nach Kosteneffizienz zu betrachten: Welche Ausgaben entstehen? Welcher Erlös wird erzielt? Was bleibt übrig?

Aber solange tiergerechte Haltung keine ausreichende finanzielle Unterstützung findet, darf man sich nicht wundern, dass es bleibt, wie es ist. Es ist immer wieder erstaunlich, dass nur sehr wenigen Menschen klar ist, wie grundlegend sich unsere Beziehung zu Nutztieren seit der Industriellen Revolution verändert hat.

Achtung vor dem Leben

Eine moralisch vertretbare Haltung wird nur möglich, meint Herwig Grimm, wenn hohe Produktivität nicht das einzige Ziel ist. Allein wenn wir die Bedürfnisse der Tiere wahrnehmen und bewusster konsumieren, werden wir ihnen gerecht

Inwiefern?

Es gab eine grundsätzliche Verschiebung im Verständnis von Landwirtschaft: Alte Definitionen aus der Zeit vor der Industriellen Revolution lauten sinngemäß: „Landwirtschaft ist die gelenkte Nutzung von Pflanzen- und Tierbeständen zur Versorgung von Menschen mit Nahrungsmitteln und Produkten." Seit Anfang des 20. Jahrhunderts aber liest man eher: „Landwirtschaft ist die gelenkte Nutzung von Pflanzen- und Tierbeständen für die Herstellung von Gütern für den Markt."

Nun stehen also die Bedingungen des Marktes im Vordergrund – und damit der ökonomische Zwang von Angebot und Nachfrage. Das hat dazu geführt, dass in der Tierhaltung fast alle Entscheidungen an Kosteneffizienz gemessen werden.

Woran lässt sich das erkennen?

Etwa an Milchkühen. Deren Leistung wurde seit etwa 1950 durch Züchtung massiv gesteigert, mehr Milch pro Kuh verspricht mehr Erlös pro Quadratmeter Stall. Pro Tag produziert eine Kuh heute statt einiger Liter Milch für ihr Kalb und die Versorgung von einigen Menschen oft mehr als 40 Liter für den Markt. Manche Rassen sind derart auf Milchproduktion spezialisiert, dass männliche Kälber auf dem Markt nichts mehr wert sind. Sie nehmen täglich zu wenig an Gewicht zu, um für die Fleischproduktion kosteneffizient zu sein. Damit sind die Kälber marktwirtschaftlich geradezu überflüssig.

Dabei gibt es Rassen, die sowohl Milch produzieren als auch konkurrenzfähig Fleisch liefern – aber eben beides nicht so hocheffizient.

Doch auch dann sterben die männlichen Kälber: als Schlachtvieh.

Ja, aber zumindest begegnen Menschen den Tieren dann mit einem gewissen

Maß an Respekt. Es ist meiner Meinung nach ein moralischer Unterschied, ob ein Tier für nutzlos erachtet und aus diesem Grund minimal versorgt wird oder ob man es zumindest mit Achtung hält und tötet, um es dann zu verzehren.

Deshalb tun wir gut daran, Formen der Landwirtschaft zu unterstützen, die Tiere als Lebewesen mit Bedürfnissen und Eigenheiten achten und wenigstens versuchen, ihnen gerecht zu werden.

Gibt es neben dem Wohl der Tiere aus Ihrer Sicht noch weitere ethische Gründe, um auf Fleisch zu verzichten oder zumindest weniger Produkte tierischer Herkunft zu verzehren?

Zunehmend weisen Wissenschaftler darauf hin, dass die heutige Form der Nutztierhaltung nicht nur den Tieren, sondern auch der Umwelt schadet. Die Tierwirtschaft verursacht offenbar einen großen Teil der Treibhausgase, die zur Klimaerwärmung beitragen; sie führt zu einem hohen Verbrauch von Energie und Wasser und auch zur Zerstörung von Regenwald. Dies rührt an Fragen der globalen Gerechtigkeit. Die Fleischproduktion ist extrem aufwendig, benötigt viele Ressourcen, zum Beispiel Ackerflächen für das Futter – doch sie produziert vor allem Nahrung für eher wohlhabende Menschen.

Wie kann sich ein Konsument so ernähren, dass er möglichst wenig Schuld auf sich lädt?

Zunächst einmal sollte man sich vom Begriff „Konsument“ im Zusammenhang mit Fleisch oder Produkten aus Tierhaltung verabschieden. Das mag trivial klingen, ist aber von großer Tragweite.

Denn das Wort „Konsument“ ist ein Begriff aus der Volkswirtschaftslehre. Als Konsumenten folgen Menschen der Idee, ihre finanziellen Mittel möglichst effizient einzusetzen: so viel bekommen wie möglich, aber auch so wenig ausgeben wie möglich. In einer solchen Rechnung spielt das Wohl der Tiere keine Rolle.

Deshalb plädiere ich dafür, nicht von Konsumenten, sondern von „Bürgern“ zu sprechen. Als Bürger tragen wir auch dafür Verantwortung, eine Gesellschaft zu gestalten, in der Tiere besser gehalten werden.

Aber spätestens an der Kasse sind viele von uns nicht bereit, dafür einen höheren Preis zu zahlen.

Wenn wir alle nur noch halb so viel tierische Produkte verzehren würden und zugleich offen dafür wären, wesentlich mehr Geld auszugeben, damit die Bauern die Chance bekommen, die Lebensbedingungen der Tiere zu verbessern – dann wäre damit wahrscheinlich mehr erreicht, als wenn wir sagen: Werde Veganer, wenn du ein besserer Mensch sein willst.

Essen Sie Fleisch?

Das ist die Gretchenfrage für einen Tierethiker. Sie zeigt, wie sehr die Debatte polarisiert: Ein Ja gilt als Beichte des Versagens, ein Nein als ein Bekenntnis zu einer besseren Welt.

Also: Ja, ich esse Fleisch – aber selten und nur unter bestimmten Voraussetzungen. Wenn ich es tue, dann mit Bedacht, und ich versuche mir meine Verantwortung sehr bewusst klarzumachen. Ich esse Fleisch nur von jenen Tieren, deren Haltungsbedingungen ich kenne und gutheiße.

Das bedeutet auch: Ich esse kaum Fleisch außer Haus. Denn dort erhalte ich selten genügend Informationen über seine Herkunft. Ähnlich halte ich es mit Erzeugnissen aus Tierhaltung, etwa Milch oder Eiern.

Leben Sie unter anderem auch deshalb so, weil Sie früher selbst in der Landwirtschaft aktiv waren?

Das mag schon sein. Ich habe zwischen meiner fünfjährigen landwirtschaftlichen Ausbildung und dem Philosophiestudium zwei Jahre sowohl auf konventionellen als auch auf ökologischen und biologisch-dynamischen Höfen gearbeitet.

Ich finde es moralisch nicht verwerflich, wenn man Tiere auch als nützlich betrachtet. Auch das kann die Basis für eine gute Beziehung zwischen Menschen und Tieren sein. Hunde zum Beispiel haben ja einen emotionalen Nutzen für ihren Halter.

Aber, das sage ich ganz deutlich: Ich finde es fatal, wenn man Tiere auf den Nutzen für uns Menschen reduziert. Wenn man sie allein für die eigenen Zwecke instrumentalisiert, ihre Bedürfnisse leugnet, sie als wirtschaftliche Ressource, als reines Objekt behandelt.

Viele Fleischesser halten Vegetarier für selbstgerecht. Sie haben das Gefühl, die machten ihnen Vorwürfe. Vegetarier fühlen sich umgekehrt häufig belächelt.

Die Frage nach den Essgewohnheiten ist heutzutage keine rein private mehr. Sie wird vielmehr öffentlich breit debattiert, denn sie berührt ja unter anderem die Frage danach, in welcher Gesellschaft wir leben wollen.

Vegetarier wie Fleischesser sollten sich dabei bewusst sein: Nicht jeder, der einen anderen Lebensstil hat als ich, ist zwangsläufig ein schlechterer Mensch.

Nur wenn wir für die Meinungen anderer offen bleiben, können wir Kompromisse finden, unsere Gesellschaft weiterentwickeln – und so auch das Leben vieler Tiere verbessern. ◂

»Ich finde es fatal, wenn man **Tiere auf den Nutzen** **für uns Menschen reduziert**«

Die Sache mit dem Hund

Bewegung

An das häufige Laufen mit seinem Begleiter musste sich Martenstein erst gewöhnen – doch nun hält ihn selbst schlechtes Wetter nicht mehr von regelmäßigen Spaziergängen und Schwimmen im See ab

Harald Martenstein kommt jetzt in jenes Alter, in dem die Ärzte sagen, dass er auf sein Herz achten solle und mehr Bewegung brauche. Das ist zwar nicht der Grund, weshalb er sich einen Hund angeschafft hat. Aber tut der kleine Kromfohrländer nicht auch seinem Wohlbefinden gut?

Text:

Harald **Martenstein**

•

Fotos:

Benne **Ochs**

Rund sieben Millionen Hunde leben in Deutschland. Warum habe ich mir, in meinen späten Fünfzigern, zum ersten Mal einen Hund angeschafft? Mein Sohn war damals fast erwachsen, die Vaterrolle hatte sich weitgehend erledigt, offenbar habe ich einen Ersatz gebraucht. Jemanden, für den ich sorge; jemanden, der zu mir aufschaut; jemanden, den ich formen kann, was bei einem Hund angeblich leichter ist als bei einem Kind – eine Hoffnung, die sich bei mir nicht erfüllt hat.

Der Hund nämlich ist deutlich eigensinniger als mein Sohn, er knurrt Fremde an, während mein Sohn zu Fremden meist nett ist. Ich wollte jemanden, mit dem ich mal etwas unternehmen kann. Einen Freund?

Der autonome, in sich ruhende und sich selbst völlig genügende Mensch braucht wahrscheinlich keinen Hund. Der sozial bestens vernetzte Kommunikationsmeister mit kilogrammschwerem Terminkalender braucht auch keinen. Meine Motive sind mir, als wir den Hund aus dem Tierheim abholten, nicht ganz bewusst gewesen.

Es war eine spontane Entscheidung. Der Hund ist mittelgroß und gehört, nicht ganz, aber weitgehend, zur Rasse der Kromfohrländer, das ist eine relativ neue deutsche Züchtung.

In einer Umfrage haben 90 Prozent der Deutschen die Ansicht geäußert, dass Heimtiere auf die Gesundheit vor allem älterer Menschen eine positive Wirkung haben. Besonders überzeugt von dieser These sind die Hundebesitzer selbst, und zwar zu 97 Prozent.

Die Wissenschaft und die Volksmeinung sind sich nicht immer einig, in diesem Punkt allerdings schon: Studien belegen, dass Streicheln die Ausschüttung von Stresshormonen bremst und den Blutdruck senkt.

Hunde, ebenso wie Katzen, mindern das Herzinfarktrisiko ihrer Halter und vergrößern, wenn der Infarkt doch eintritt, die Überlebenschance. Wer den Hund ins Büro mitbringen darf, arbeitet zufriedener.

Harald **Martenstein**

Der vielfach prämierte Schriftsteller, Journalist und Kolumnist des »Tagesspiegel« lebt in Berlin und in der Uckermark.

Rhythmus

Hunde kennen keine Ausreden, sie müssen einfach raus, jeden Tag mehrmals. Das ist auch gut für den Halter: Er härtet sein Immunsystem ab, wird seltener krank und senkt zudem durch die Bewegung sein Herzinfarktrisiko

Tierhalter gehen seltener zum Arzt – na gut, da mag auch die Tatsache eine Rolle spielen, dass man sein Tier ungern allein lässt.

Dass Hunde der Gesundheit guttun, ist eine Nebenwirkung. Ich glaube nicht, dass sich viele nur aus gesundheitlichen Gründen für so ein Geschöpf entscheiden. Aber nun ist es eben so, dass ich zwei- bis dreimal täglich 20 Minuten mit dem Hund spazieren gehe – der Hund kommt natürlich öfter hinaus als zweimal am Tag, aber ich bin eben zweimal dran. Zwei, drei Kilometer täglich sind es bestimmt. Am Wochenende kommt es sogar zu längeren Märschen durch Wald und Heide.

Ärzte empfehlen, dass Menschen sich mindestens zweieinhalb Stunden in der Woche bewegen sollten. Diese Vorgabe erfüllen Hundebesitzer deutlich häufiger als ihre hundelosen Nachbarn. Weil sie bei jedem Wetter unterwegs sind, ist ihr Immunsystem besser in Schuss, und sie werden seltener krank. Blutdruck und Cholesterinwerte eines Hundehalters sind niedriger als beim Bevölkerungsdurchschnitt.

So regelmäßig bin ich noch nie gelaufen. Denn der Hund unterscheidet sich sehr deutlich von dem Fitness-Studio, in dem ich seit Langem ein (selten gesehenes) Mitglied bin. Das Fitness-Studio ruft nie an und fragt, wo ich bleibe. Der Hund dagegen winselt und blickt traurig, wenn er hinaus möchte. Wenn ich dem Hund seinen Wunsch längere Zeit nicht erfülle, dann läuft er zu dem der Straße nächstgelegenen Punkt der Wohnung, dafür hat er einen Instinkt, und legt an genau diesem Punkt einen Haufen hin. Das ist schon zweimal vorgekommen.

ü

Über die beste Jahreszeit für die Anschaffung eines Hundes gibt es unterschiedliche Theorien. Manche sagen, der Herbst sei gut, dann erlebe man gleich die richtig harte Zeit, Gassigehen im Dunkeln, Extremgassi bei Regen, Graupelschauern und Schnee. Wenn man dann die Nase vom Gassigehen so richtig voll hat und den Hund zur Hölle wünscht, wird es langsam besser. Wenn dann beim Morgengassi endlich wieder die Vöglein zwitschern und die Sonne auf Krokusse scheint, merkt man, wie schön es sein kann.

Die Gegenpartei meint, man solle sich im Sommer mit dem Hund erst mal einlaufen und unter günstigen Bedingungen zum Team verschmelzen, dann falle der Winter nicht so schwer.

Also, ich weiß nicht. Fest steht, der Winter ist ein Problem. Angeblich sind Hundehalter seltener von der Winterdepression betroffen – nun, dafür müssen sie öfter frieren. Schweden und Finnen, die Hunde haben, sind mir ein bisschen unheimlich.

Fest steht allerdings auch, dass der Hund dich bei einem Wetter zum Laufen zwingt, bei dem selbst die diszipliniertesten Jogger zu Hause bleiben.

Der Hund spielt gern. Er mag es, wenn ich einen Ball werfe und er ihn apportieren darf. Auf diese Weise stärke ich meine Armmuskulatur, denn der Hund reagiert umso enthusiastischer, je weiter ich den Ball werfe. Er liebt auch den Schwimmsport, wir schwimmen gemeinsam. Die Wassertemperatur ist dem Hund dabei augenscheinlich egal, insofern unterscheiden wir uns.

Trotzdem glaube ich, dass die Auswirkungen eines Hundes auf die Seele seines Besitzers größer sind als die positiven Effekte für den Körper.

Entspannung

Haustiere haben einen positiven Effekt auch auf die psychische Gesundheit: Sie vermitteln Gelassenheit und Ablenkung im Alltag, mindern Stress. Die gemeinsamen Ausflüge erleben Mensch und Tier als eine Zeit der Ruhe

Damit meine ich nicht die Wärme, die ein Hund zweifellos gibt, wenn er seinen Kopf auf dein Bein legt, dich mit dem menschenähnlichen Blick anschaut, der ihm im Laufe der Evolution zugewachsen ist, und wenn er gestreichelt werden will. Ich glaube, der Hund merkt, wenn es seinem Besitzer nicht gut geht, dann wird er besonders lieb. Aber auch das meine ich nicht.

Der Hund stiftet neue Bekanntschaften. Mein Blick auf das Viertel, in dem ich wohne, ist nun ein anderer. Wir Hundebesitzer kennen uns, man trifft sich auf der Gassiroute und wechselt oft ein paar Worte. Der Hund überwindet die Grenzen von Milieus. Ein junger Mann mit Muskeln, Ohrringen und Tattoos führt seine Chihuahua-Dame im gleichen Park aus wie ich meinen Rüden, mein Rüde steht total auf diese Dame. Deshalb kennen auch wir Besitzer uns, ich weiß, dass er arbeitslos ist, und noch ein paar Sachen.

Wenn ich auf Partnersuche wäre, dann wäre der Hund ganz sicher ein Wettbewerbsvorteil. Ein Hund ist in dieser Hinsicht wahrscheinlich noch besser als ein Besuch im Museum – ich habe gelesen, dass Museen ein Lieblingsort für bindungswillige einsame Herzen sind.

»Hundehalter sind angeblich seltener von Winterdepression betroffen – dafür frieren sie öfter«

Der Hund zwingt mich dazu, entschieden zu sein und klare Botschaften zu senden. Er will nicht, dass Probleme mit ihm ausdiskutiert werden, er will keine Vorschläge. Er verlangt von mir, seinem Leittier, Klarheit und Dominanz. Wenn ich die verweigere, irritiert ihn das, denn er möchte sich in seinem kleinen Rudel sicher fühlen. Das ist nur bei einem Leittier der Fall, das Stärke ausstrahlt.*

Falls ich diese Rolle nicht annehme, falls ich mich weigere, sein Leittier zu sein, wird er versuchen, selbst diese Rolle zu spielen. Etwas anderes bleibt ihm, als Rudeltier, gar nicht übrig. Wenn aber der Hund der Chef ist, wird es sehr bald Probleme geben, vielleicht sogar ernste. Ein Hund, der Chef ist, kann gefährlich werden.

Das Verhältnis zwischen dem Hund und seinem Besitzer folgt also völlig anderen Gesetzen als die demokratische Gesellschaft, in der wir leben. Mit der „Stärke", die ein Hund verlangt, meine ich nicht ein machohaftes Auftreten und schon gar nicht Herumbrüllen oder gar Drohgebärden. Das mag auch ein Hund nicht, er durchschaut gespielte Autorität recht schnell.

Der Hund will, dass man ihm ruhige, unwidersprüchliche Signale sendet, er will wissen, woran er ist. Er will seinen Menschen respektieren, die Liebe des Hundes heißt „Respekt".

Ich bin kein sonderlich autoritärer Typ. Ich mag es nicht, zu kommandieren oder kommandiert zu werden. Warum glaube ich trotzdem, dass ein Hund dem Menschen guttut? Weil er ihn dazu bringen kann, sich selbst ernst zu nehmen, Verantwortung zu übernehmen, stark zu sein. Das sind uralte, halb vergessene Tugenden und Verhaltensweisen, die in uns schlummern, die im heutigen Alltag manchmal nützlich sind und manchmal fehl am Platz.

Im weitesten Sinn hat das auch mit Gesundheit zu tun. Es tut auf jeden Fall gut, all das hin und wieder zu spüren, im Bewusstsein, dass der Hund uns braucht und unseren Respekt mit seinem Respekt zurückzahlt. ◂

* Die Beziehung zu einem Hund lässt sich auch anders interpretieren, wie die Hundetrainerin Barbara Schöning ab Seite 106 erklärt.

Die Welt von GEO

Ein Blick in weitere Hefte

GEO EPOCHE

Die Babylonier huldigen ihrem Gott Marduk in einer feierlichen Prozession

Mythos Babylon

Die Hochkulturen des Zweistromlandes

Das Land zwischen Euphrat und Tigris war einst die Wiege unserer Zivilisation. Seine Bewohner haben Schrift, Literatur, Bürokratie und Wissenschaften erfunden, ja sogar die Zeiteinteilung in Stunden, Minuten, Sekunden.

Sie konstruierten bereits vor 5000 Jahren prächtige Paläste und Tempel, wohnten in Großstädten – zu einer Zeit, als die Menschen in Europa fast durchweg noch in primitiven Weilern lebten. In Mesopotamien entstand Uruk, die erste Metropole der Menschheit, und erblühte Babylon, „das Licht der Himmel": Unter König Nebukadnezar II. war der mythenumwobene Ort um 570 v. Chr. die größte Stadt der Welt.

GEO*EPOCHE* erzählt von Babylon sowie über die Reiche der Sumerer und Assyrer: die Geschichte des Zweistromlandes, von 3300 bis 500 v. Chr.

GEO*EPOCHE* »Mythos Babylon« kostet 10 Euro (mit DVD 17,50 Euro). Einige Themen: Die erste Dichterin • Ein Fest für einen Gott • Der älteste Mordprozess der Menschheit.

GEO EPOCHE EDITION

100 Meisterwerke der Malerei, von der Steinzeit bis zur Gegenwart: vorgestellt, erklärt, gefeiert

100 Meisterwerke

Die bedeutendsten Gemälde der Kunstgeschichte

GEO*EPOCHE* EDITION widmet sich in seiner neuen Ausgabe nicht wie sonst einer Kunstepoche, sondern präsentiert die ergreifendsten, prägendsten, schönsten Gemälde der gesamten Kunstgeschichte – von der Steinzeit bis zur Gegenwart. In kurzen Texten werden die Schöpfer und ihre Bilder vorgestellt und wird deren außergewöhnliche Strahlkraft ergründet.

Das Heft gleicht einem virtuellen Museum, dessen Schau die Redaktion zusammengestellt hat – in dem Wissen natürlich, dass es weitaus mehr als 100 bedeutende Gemälde gibt. Und so ist die Auswahl denn auch keine Rangliste, sondern ein Dialogangebot an die Leser zu einer Diskussion über die Kunst anhand einer Riege von beeindruckenden, herausragenden Bildern.

Meisterwerken eben.

GEO*EPOCHE* EDITION »100 Meisterwerke«. Auf 132 großformatigen Seiten finden sich Bilder von Leonardo da Vinci, Caspar David Friedrich, Vermeer, Manet, Matisse und Edward Hopper (16,50 Euro).